Fritz Fenzl

Die Andechser Klosterapotheke

Heilung aus dem
Kräutergarten Gottes

Fritz Fenzl

Die Andechser Klosterapotheke

Heilung aus dem Kräutergarten Gottes

SüdOst Verlag

Die Deutsche Bibliothek CIP-Einheitsaufnahme

Fenzl. Fritz:

Die Andechser Klosterapotheke : Heilung aus dem Kräutergarten Gottes / Fritz Fenzl. -
Waldkirchen : SüdOst-Verl., 2000

ISBN 3-89682-037-0

Bildnachweis:

Photoarchive Lammerhuber, A-Baden

Kräuter-Illustrationen, Heidi Kehbel, Waldkirchen

Inform-Verlags Service

Florian Werner, großes Titelbild

Callwey-Verlag: Apothekengefäße, Rudolf Drey

Fotos, Helga Schmidt-Glassner,

Andreas Wasilewski

ISBN 3-89682-037-0

Inhalt

Die Suche nach dem Gral –
Die „Sehnsucht nach dem Geheimnis"

Wer sich dem Phänomen Andechs nähert, dies kann durchaus körperlich geschehen etwa in Form eines Ausfluges oder einer Pilgerfahrt, der tut wirklich gut daran, vorher in einschlägiger Literatur über den Begriff „Gral" nachzulesen. Freilich tut es auch jeder Ritterroman oder jede Sage, jeder Mythos, jede Geschichte, wenn diese nur den uralten Archetypus von „Suche" und von „Finden" oder von „Spirituellem Erwachen" behandelt!

Wollen wir hier allerdings das Thema „Gral" nicht allzusehr vertiefen (er bleibt eben immer versteckt, und vielleicht ist der Vorgang des Lesens und Staunens, Suche und Finden genug). Wollen wir voll Demut feststellen, dass wir dies Mysterium nicht fassen können, sowenig wie die Geheimnisse von Gottes Schöpfungsplan, sondern wollen wir mit John Matthews einfach festhalten:

„Jeder, der auf die Suche nach dem Gral geht, kehrt verändert zurück."[1]

Nun möge sich der Leser nicht über diese Zeilen und Gedankenspielereien zum mystischen Thema „Gral" wundern, und wenn doch, dann sollte er wissen:

„Gral" hängt immer mit Suche, mit sehnsüchtiger Suche zusammen, der Suche nach ... ja, nach was nur? Genau das zeich-

---

1   John Matthews: Der Gral. Braunschweig 1992, S. 188

net die Grals-Romane und Grals-Theorien aus. Eine umfassende und ganz hervorragende Untersuchung liefert Emma Jung in dem Grundlagenwerk: „Die Gralslegende".[2]

Um solche Gedanken kommen wir wohl schwerlich umhin, wollen wir uns dem Phänomen Andechs, speziell der Klosterapotheke nähern. Denn die Apotheke gibt es nicht mehr und doch existiert sie, sie ist ein Paradox wie jedes Geheimnis.

Und der Gral und dessen „Findung" hängt von Anfang an mit Heilung zusammen. Heil-Sein bedeutet „ganz sein", spirituelles Heil geht dem körperlichen in jedem Falle voraus.

Wer also „sehnsüchtig sucht", dem kann letztlich nicht Schlimmeres passieren als dass er finde.

Doch haben wir es hier besser.

Unsere Suche ist (zunächst noch) klar eingegrenzt:

Andechs, der Ort, das Kloster.

Die Klosterapotheke von Andechs.

Und, eines sei jetzt schon verraten: Wir werden eine Menge finden. Aber alles wird ganz anders kommen als zunächst erwartet!

Eines noch: Die Gralsgeschichte ist die Geschichte eines Traumes, den jeder träumt. In Andechs wird dieser „Traum" auf ganz eigenartige Weise Wirklichkeit. Wer einmal in der legendären „Schatzkammer" war, der wird verstehen, was gemeint ist.

Mehr sei zunächst nicht verraten.

Bevor wir aber zu sehr ins Träumen kommen, bevor wir vielleicht gar noch „abheben", wenden wir uns Andechs zu.

Fangen wir an. Am besten mit der Geschichte.

---

2   Emma Jung / Marie-Louise von Franz: Die Gralslegende ... in psychologischer Sicht. Lengerich 1997

Geschichtliche „Annäherung"

Das Kloster Andechs liegt, sagen uns die Geologen, auf einem Bergsporn aus Schotter der Eiszeit. Der Kienbach hat im Laufe der Zeit eine Schlucht gegraben, die das Gestein ebenso zerteilt wie den dünnen Vorhang, der sich zwischen Raum und Zeit befindet.

Nicht umsonst begegnet uns immer wieder die Bezeichnung vom *„Heiligen Berg"*. Andechs liegt sichtbar auf einem solchen, vielleicht wird bei der Betrachtung und Reflexion über die „Macht" des Klosters allzu oft übersehen, dass das gesamte „Ensemble", wie es quer durch die Jahrhunderte Maler, Zeichner, vor allem Stahlstecher beschäftigt hat, ganz klar erkennbar eine Pyramide ergibt.

Das Kienbachtal grenzt den Berg mit gewagten Nagelfluh-Terrassen und imposanten Felsformationen aus Tuffgestein gegen Westen ab.

Gegen Süden ist die Bergkuppe kurz und gedrungen, gegen Norden hin fällt sie flacher ab. Von Osten her (heute Parkplatz-Bereich) ist ein steiler Treppenanstieg vonnöten.

Kurz: Man merkt immer noch, dass hier vor Zeiten eine „Befestigung" errichtet wurde.

Nur gegen weltliche Gewalten?
Unsere Betrachtung soll uns zur Apotheke hinführen, zur Heilung also. Die Heilung muss man aber wollen und sich vorstellen können.

„Vorstellen" ist „visualisieren". Ohne Magie geht hier auf dem Berg nichts (keine Angst, das Christentum kommt keinesfalls zu kurz, es kommt nur später).

Es wird immer wieder von Wichtigkeit sein, dass wir uns den „Heiligen Berg"[1] *vorstellen*. Ein *Bild* sagt mehr als tausend Worte. Und, sollte die Vorstellung erlahmen: Nichts wie hin!

Unsere geschichtliche Annäherung aber wollen wir in der Zeit der Völkerwanderung und der der Merowinger weiterführen.

Bei Frieding wurden schon vor dem Jahre 1909 in einer Kiesgrube Schilder mit eisernen Buckeln gefunden. Rundschilder also mit einer zentralen Erhebung. Die reichen Gräber, aus denen sie stammen, werden ins 6. Jahrhundert datiert.

Wandern wir weiter auf der Zeitschiene. Die Chronik vermeldet: „Nachdem 776 der dem altbaierischen Geschlecht der Huosi zugehörige Isenhart etlichen Besitz in Herrsching dem Kloster Schlehdorf schenkte, dürfte hier ein Vorfahre mit weiteren Mitgliedern des Huosi-Geschlechts – die anderen, zum Teil beraubten Gräber dieses kleinen Friedhofs beweisen, dass die Bestatteten zu den Begüterten zählten – zur letzten Ruhe gebettet worden sein."

Wieder ein Zeitsprung:
Bereits 1080 wird eine Burg der Grafen von Dießen und Andechs erwähnt. Diese Namen sind heute als berühmte Ortsnamen bekannt. Sie bildeten im 11. und 12. Jahrhundert die Zentren eines mächtigen Adelsgeschlechtes, dem Kaiser Friedrich Barbarossa das Herzogtum Meranien verliehen hatte. Gleichzei-

---

1 Den wohl besten und umfassendsten Überblick gibt hierzu der „gewichtige" Band: Andechs. Der Heilige Berg. Von der Frühzeit bis zur Gegenwart. München 1993, S. 26

tig wurden die Andechs-Meranier in den Reichsfürstenstand erhoben und gelangten zu europäischer Bedeutung.

Bis ins 13. Jahrhundert hinein hat das Grafengeschlecht der Andechs-Meranier Europa mit geprägt.

Und etwa ab 1238 stand eine dem Heiligen Nikolaus geweihte Kapelle auf der damaligen Burg.

Die Geschichte von Andechs ist immer Schatz-Suche, und wen wundert es, dass bei der Suche nach dem Schatz, der Suche nach Andechs, der Suche nach dem Gral, der Suche nach Heilung und Kräutern nun erstmals ein wahrer Schatz auftaucht!

Durchaus lohnenswert ist es, im Zusammenhang mit Andechs, mit Heilung und mit dem Thema „Apotheke" den berühmten Schatz niemals aus den Augen zu verlieren. Denn, wiewohl die herrlichen Reliquien tatsächlich da sind, ihr Symbolwert und ihre Heiligung dürften den materiellen Wert weitaus übertreffen!

Und ist nicht eine Apotheke, ist nicht das Wissen einer solchen Einrichtung um Heil und Heilung der ebenso große Schatz?

Schatz. Hören wir hierzu den „Originalton" von Abt Odilo Lechner[2], in: „Sehnsucht nach dem Geheimnis", denn keiner trifft so wie er „zwischen den Zeilen die Wichtigkeit" des wahren „Schatzes":

„Ungeheures Aufsehen hat es erregt, als 1388 am Dienstag nach dem Dreifaltigkeitssonntag ein Teil des alten Schatzes der Andechser Grafen nach anderthalb Jahrhunderten Verborgenheit wieder aufgefunden wurde, nach der alten Überlieferung durch

---

2 Odilo Lechner, a. a. O., S. 11

eine Maus, die einen Hinweis auf das Versteck zutage brachte,
während der Kaplan die Messe las."

Hinter der Bildhaftigkeit, vielleicht auch Verschmitztheit einer
solchen Sage, verbirgt sich zumeist eine gehörige Portion „Wahr-
heit"!

Vor allem die Maus sollte uns da interessieren. Schlüpft doch
das Tierchen aus einer Höhlung unter dem Altar hervor. Im Jahre 1588 war das, eben las der Franziskanermönch Jakob Da-
chauer eine Messe, sah, wie die Maus mit einem vergilbten Zet-
tel im Mäulchen aus einem kleinen Loch unterm Altar hervor
kroch und wieder verschwand. Tapfer las der fromme Mann die
Messe zu Ende, dann ließ er nachsehen. Und die Geschichte
vom wiedergefundenen Schatz konnte ihren Lauf nehmen.

Wir wissen die Sage zu deuten: Das sichtbare Andechs hat einen verborgenen Untergrund. Und das sind bestimmt nicht nur
Bierkeller.

Doch folgen wir zunächst der Geschichte von Andechs weiter
bis zur Gegenwart:

„Über den Zeitpunkt, wann in Andechs die Wallfahrt zu dem
wohl kostbarsten Reliquienschatz in Süddeutschland begonnen
hat, gehen die Auffassungen auseinander. Tatsache ist jedoch,
dass der heilige Nikolaus auch Patron der Pilger ist und dass
Anfang des 15. Jahrhunderts von Herzog Ernst aus dem Ge-
schlecht der Wittelsbacher, die nach dem Aussterben der An-
dechs-Meranier Mitte des 13. Jahrhunderts die neuen Herren auf
Andechs waren, der Bau der dreischiffigen gotischen Hallenkir-
che veranlasst wurde." [3]

---

3   In: „Zu Gast auf dem Heiligen Berg" (= aktueller Haus-Prospekt des Klosters für
„Tagungen auf höchster Ebene", München 1995, S. 3)

Die ehemalige Archivarin von Andechs, Dr. Johanna Lauchs, spricht hier bewusst von Tatsachen, so dass wir obigen Text als historisch verbindlich auffassen dürfen.

Wir erfahren weiterhin: 1455 wurde die Errichtung eines benediktinischen Reformklosters in die Wege geleitet. 1455 trafen die ersten sieben Benediktiner aus Tegernsee auf dem Heiligen Berg ein.

Und im 18. Jahrhundert, auf Betreiben des in seiner Zeit recht berühmten und hoch angesehenen Apothekers Pater Felix Funk (gestorben 1797), ist die neue Klosterapotheke entstanden!

Bleibt noch die Zeit der Säkularisation.

Wir wollen diese vornehm umgehen und mit dem legendären Abt Hugo Lang (1951-1967) den Weg in die unmittelbare Gegenwart hinein beschreiten. Abt Lang hat angefangen mit dem großen Wek, das Kloster, neben dem stets gern gesehenen Bierkonsum, zum religiös-kulturellen Mittelpunkt zu gestalten!

Ein Weg, den Abt Odilo Lechner und „sein" Cellerar Anselm Bilgri in nahezu genialer Weise in unseren Tagen fortführen und erst recht ausbauen.

Möge die Wieder-Entdeckung und Erschließung „der Apotheke" ein neues Mosaiksteinchen im Gesamtkunstwerk „Andechs" bedeuten!

Dieses Gefäß wurde zum Aufbewahren von gelber Vaseline benutzt.

Das Netzwerk

Andechs liegt, wie kaum ein anderer Kraftort, im Zentrum eines gigantischen Strahlengitters, das im übrigen die Raute ergibt! Die Planskizze[1] ließe sich beliebig ausdehnen: Die rautenförmige Gitterstruktur bleibt!

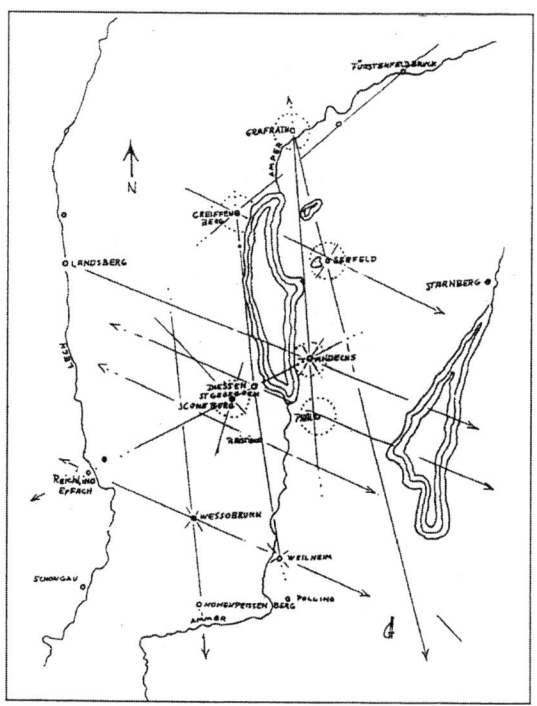

---

1 Nach: Hans Guggemos: Andechs und die Huosi (= Efodon Nr. 30) Hohenpeißenberg 1996, S. 11

Am Anfang war das Wort

Woher kommt die Kraft des Wortes?

Nicht umsonst stellt die Bibel an den Anfang allen Geschehens das *Wort.*

Genauer: Das alles erschaffende Wort Gottes, das „es werde!".

Wenn das Wort erschaffen kann, dann kann es auch verloren gegangene Teile des Geschaffenen wieder „beschaffen". Dann kann das Wort auch heilen.

So werden in der „Apothekenliste" die einzelnen Heilmittel liebevoll benannt. Denn auch das gehört zum Heilen, zum Wieder-Zusammenfügen einer verloren gegangenen Ganzheit des Körpers.

Das Wort ist viel, viel mehr als nur Verständigung. Das Wort strahlt tatsächlich eine konstruktive oder auch destruktive Energie aus.

Das Wort wirkt. Es beeinflusst die Einbildungskraft des Kranken. Nicht umsonst gibt es „Heiler", die ihre Kräuter besprechen.

Ein Beispiel. Schnabel stellt zu der „Apothekenliste" fest:

„Neben den natürlichen pflanzlichen, mineralischen oder animalischen Drogen sind aber auch mittels pharmazeutischer oder chemischer Arbeitsmethoden gewonnene Arzneistoffe vertreten. An erster Stelle sind hier die in dem Kapitel „nomina aquarum" aufgeführten destillierten Wasser wie Rosen-, Veilchen-, Fenchel- und Salbeiwasser oder das erst im Mittelalter in die Therapie eingeführte 'Aqua vitae' (Alkohol) zu nennen."[1]

Besonders beim „Wasser des Lebens", dem „Aqua Vitae", wird deutlich, wie zweischneidig, wie ambivalent, wie paradox das Wissen um die Substanz, das beschreibende Wort und die „Wirkung" ist. Alkohol kann heilend wirken, vor allem desinfizierend. Jede Verwendung als Nahrungsmittel indes, vor allem im Übermaß, zeigt verderbenbringende, ja vernichtende Wirkung. Übrigens gilt solche Ambivalenz auch für den Ort selber: Man vergleiche die Bierschwemme (Bräustüberl) mit dem Apotheken-Plateau!

Halten wir fest: Es geht immer um den Versuch, durch anteilnehmendes Erkennen des Schöpfungsgedankens heilend zu wirken. Die Gabe zu heilen, offenbart Weisheit.

Keiner hat das so vorgemacht wie Jesus Christus. Deshalb fällt der mit tiefem Erkennen gestalteten Bilderwelt im Hauptraum der Apotheke (siehe Innenraum) eine sehr große Bedeutung zu.

Wer sich die Mühe machen will, im Evangelium nachzulesen, der wird schnell feststellen: Jesus heilt, indem er genau das Richtige sagt (und damit denkt – und will). Hinzu kommt die Berührung – und der Glaube!

Betrachten wir nun die Bilderfolge an der Decke des Apothekenraumes unter diesem Gesichtspunkt:

Feld 1: Das Paradies
Feld 2: Christus heilt die Kranken
Feld 3: Der junge Tobias heilt seinen Vater von der Blindheit
Feld 4: Der Teich Betesda
          (Jesus heilt an dem Teich mit den fünf Säulenhallen)

---

1 Schnabel, a. a. O., S. 247

Feld 5: Die eherne Schlange
Feld 6: Der barmherzige Samariter
Nun wird uns klar, dass zum *Wort* auch das Bild (Imago) kommt. Nicht umsonst handeln all diese Heilungs-*Szenen* vom *Sehend-Werden!*

Wir leben in einer Zeit, da die Bilderflut jede mystische Feinfühligkeit vergewaltigt und wir mit immerwährenden Sturzgüssen sinnentleerter Bilder tatsächlich sintflutartig überschwemmt werden.

Dagegen setzt solch gezielt „erwählte" Bilderauswahl wie die des Apothekenraumes ein wohltuend kreatives Gegengewicht.

Diese Bilder im Apothekenraum sind nicht zufällig.

Schließen wir die Überlegung mit einem Satz, den Jesus zu dem Kranken am Teich Betesda sagt:

„Willst du gesund werden?" (Joh. 5,6)

Eine Ärztin, die in einem Konvent tätig ist, hat mir einmal eklärt, wie entscheidend bei der „Heilung" der Wille des „Kranken" sei, „gesund zu werden".

Denn (das mag jetzt sehr provozierend klingen) manche Kranken wollen, im tiefsten Herzen, also in einer Tiefenschicht des Bewusstseins und nicht mit dem Tagesbewusstsein, krank bleiben. Also Verantwortung abgeben.

Wer aber gesund ist, der hat keine Ausrede, der ist verantwortlich.

Die Direktheit der „Apothekenliste" und die suggestiv-magische Bildersprache ist aber klar und direkt in der Aussage.

So klar wie Jesus Christus geredet hat.

Gesundsein hängt mit Klarheit zusammen.

Und Klarheit darf auch ruhig „Naivität" genannt werden. Nichts verdreht die (geistige und körperliche) Gesundheit so wie die Sprache des Verstandes, des Intellekts, der Ratio.

Hierzu, als musischer Abschluss der Wort-Überlegungen, ein provozierender Text aus einem alten Buch aus dem Jahre 1924: „Der Segen der Dummheit"[2]

Wobei Dummheit hier geistige Klarheit meint, Freisein von intellektuellen Schlacken:

„Der Verstand besitzt ein gefahrvolles Lockmittel, den Menschen für sich einzunehmen: das Wort. Eine der bedenklichsten Errungenschaften unserer Zeit ist das Spiel mit dem Wort, das Wortemachen, Worteketten, der Sport des Wortes (...). Gleich den Sperlingen des Frühlings hat der Mensch eine kindliche Freude am Wortlärm (...), alles ist Anlass zum Wortgetön ..."

Tönen wir nicht. Denken und sprechen wir in so leuchtenden Farben wie den Fresken in Andechs.

Wir müssen umdenken, ob wir wollen oder nicht und neue alte Werte leben. Anders geht es nicht.

---

2   Erich Scheuermann: Das Lockmittel des Verstandes. In: „Der Segen der Dummheit". Buchenbach-Baden 1924, S. 26

Alle guten Dinge sind drei

Warum zur Dreieinigkeit neben Glauben und Gastfreundschaft auch das Heilen gehört!

Sprichwörter haben es zumeist „in sich", und die wohlbe-kannte Rede, dass nämlich „alle guten Dinge" DREI seien, die schlägt sich im Umkreis des Christentums am augenscheinlichs-ten in der Dreiheit von *Vater, Sohn* und *Heiligem Geist* nieder.

Indes, die „magische Drei" – sie erweitert die Dualität (die Zweiheit) hin zur „Höheren Macht" – eröffnet damit die Dimen-sion des Raumes, die dritte Dimension also und macht so den Weg frei, hin zur Poly-Dimensionalität (wer ein gleichschenkli-ges Dreieck um den Mittelpunkt dreht, der erhält einen Kreis!).

Diese magische Drei gilt zugleich für sämtliche Belange des Lebens! Damit ist die Dreiheit übrigens auch ein entscheidender Gesundheits- und Gesundungsfaktor, denn nur dann, wenn Kör-per, Geist und Seele „stimmen", also im Lot sind, dann ist oder wird der Mensch gesund.

Bevor wir den harmonischen Drei-Klang in Andechs mit der Wichtigkeit der Apotheke und des verborgenen Heilungswissens finden, hier ein praktisches Beispiel:

Ein Stuhl bietet erst dann Halt, wenn er mindestens drei Bei-ne hat, erst jetzt erhalten die beiden anderen „Standbeine" die nötige Stütze, um nicht zu kippen.

Um nicht zu kippen ... das ist es, bei allem. Drei Wünsche werden im Märchen gewährt, und auch die „Familie" ist erst ab der Dreizahl vollständig, erst „der Dritte" (das Kind) öffnet die entscheidende Dimension, weg vom Ist-Zustand, hin zum Wei-terbestehenden.

Beobachten Sie Ihr eigenes Leben: Ein „Dasein" ist erst dann abgerundet, wen drei Dinge stimmen und harmonisch aufeinander abgestimmt sind:

1) Beruf (Berufung),
2) Familie,
3) Gesundheit!

Jedermann weiß: Ohne Gesundheit geht nichts. Zur Gesundheit gehört aber unabdingbar das Segment „*Heilung*", also Wiederherstellung von verlorener Gesundheit.

„Abt Hugo (Lang) schwebte ein Andechs vor Augen, das seinem eigenen barocken Denken entsprach. So wie das alte Kloster auf dem Heiligen Berg geistig und seelsorglich von Bedeutung war, so sollte ein unserer Zeit gemäßes Andechs als religiös-kultureller Mittelpunkt eine Stätte werden, die dem modernen Menschen etwas zu sagen und zu geben hätte."

Es läßt sich in der gesamten Geschichte von Andechs, augenscheinlich aber bei den neueren Äbten Hugo Lang und Odilo Lechner beobachten, wie die „Öffnung" der Gesamtanlage „Andechs" im Auge behalten wird, wie aus ganzheitlicher Sicht die sowieso bekannten Sinn-Einheiten „Kloster", „Bier" und „Brauerei" (niemals zu vergessen die berühmte benediktinische Gastfreundschaft!) um einen wesentlichen Faktor X erweitert werden, obwohl dieser Faktor X immer schon da war im geistigen Bereich.

Natürlich das Bier: Am 19. März 1952 eröffnete Abt Hugo das Andechser Bräustüberl wieder. Willibald Matthäser[1] weist in seiner Chronik darauf hin, dass diese Wiedereröffnung mit neuer Raumgewinnung der Gesamtanlagen einherging: Hugo Lang

---

1 Willibald Matthäser: Andechser Chronik. München 1979, S. 264

wollte mit Veranstaltungen das Spektrum „Andechs" erweitern. Was derzeit perfekt vollendet wird!

So haben wir nun zwei Aspekte bedacht:

Die Spiritualität: Sie ist „schon da", ist Andechs gleichsam „einbeschrieben".

Die Gastlichkeit, das Bier, die legendäre Gastfreundschaft.

Und nun kommt die Heilung als Drittes dazu. Die Kunst des Heilens und Helfens gehört zu einem Kloster, immer schon. Eigentlich ist sie folgerichtig ein Teil der Gastfreundschaft und der Spiritualität, geht zwingend aus den beiden ersten hervor.

Haben wir also die Drei als wichtiges Symbol erkannt (siehe auch „Symbolik des Apotheken-Hauses, des Innenraumes und der Malereien"), so betrachten wir nun wissend die Außenfassade: Über drei Türen, die ins Haus führen, liegen neun Fenster angeordnet, also drei mal drei!

„Alles Bauen baut Symbole", sagt Lama Govinda. Mit sogenannten „Zufällen" ist in diesem Bereich, noch dazu bei spirituellen Bau-Kompositionen wie der Gesamtanlage eines Klosters, kaum zu rechnen.

Harald Jordan[2] weist in dem Grundlagenwerk: „Räume der Kraft schaffen" unter der Überschrift: „Symbole zum Schaffen eines heilenden Raumes" mit sicherem Griff darauf hin:

„Weil Symbole eine höhere Ordnung widerspiegeln und tiefe Kräfte zähmen, können sie ordnend wirken und damit *heilen.*"

Möge nun also mit dem vorliegenden Buch der Blick (nach einer längeren Pause von Jahrhunderten) auf das „Heilen" in Andechs gerichtet werden, auf den wunderbar gelegenen Apothekenbau, der so phantastisch auf einem deutlich spürbaren „Ort der Kraft" errichtet wurde, mögen einige der 609 wieder ent-

---

2   Harald Jordan: Räume der Kraft schaffen. Freiburg i. Breisgau 1997, S. 44

deckten Rezepturen erneut der Öffentlichkeit zugeführt werden – und möge zugleich eine neue Dimension klösterlichen Heilungswissens dem suchenden Leser erschlossen sein.

So schließt sich nun das Dreieck: Glaube – Gastfreundschaft – Heilungswissen – ganz im Sinne eines gelebten „Ora et labora".

Vielleicht ergibt sich auch noch eine Antwort auf das beobachtbare Phänomen, warum im Umkreis von Heilung oft auch „Macht" spürbar ist.

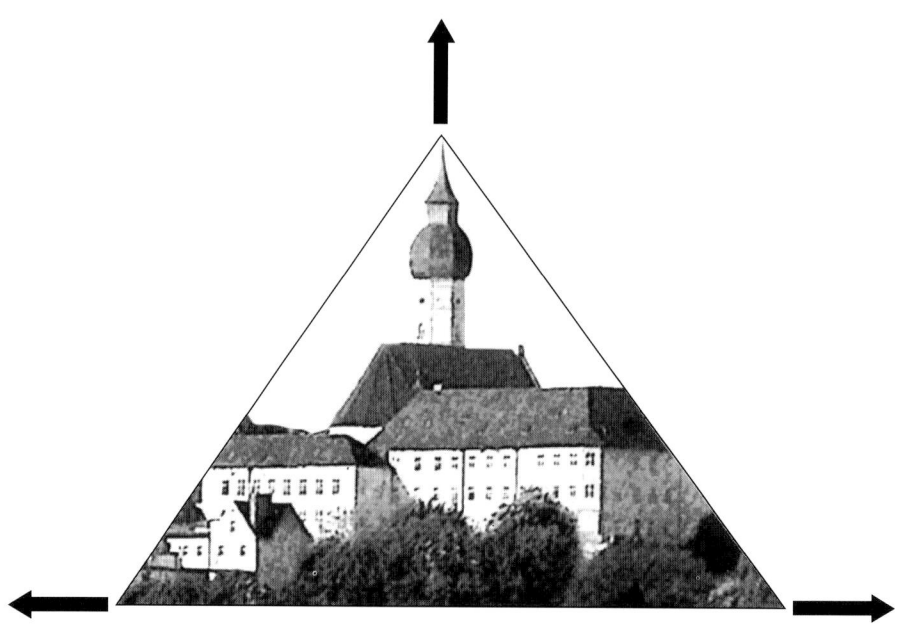

Symbolik des Ortes: Die Gesamtlage ist, von weither sichtbar, ein bekanntes und mächtiges Symbol: das Dreieck. Bei der herrlichen Ausmalung der Apotheke (s. „Am Anfang war das Wort") begegnet dies Ur-Symbol als „Auge Gottes" wieder. (Hier: Erdung + Antenne, Streben nach oben!)

In einem Buch von 1977, „Fünfseenland"[3], findet sich ein allzu interessanter Hinweis:

„Schon aus strategischen Gründen muss die Burg vom Gipfel
des Drumlins aus das Land *beherrscht* haben, wahrscheinlich
ein Stück nach Süden versetzt, etwa dort, *wo auf dem Plateau
der alte Apothekenbau steht.*"

Wer je hier stand, der glaubt es nicht nur, sondern der weiß
auch: Diese „Apotheke" hat es fürwahr in sich!

Dieses Gefäß wurde zum Aufbe-
wahren von weißer Vaseline be-
nutzt.

3   Rolf Wünnenberg: Die Grafen von Andechs. In: Fünfseenland. Gauting 1977, S. 43

Handschrift aus der original Andechser „Apothekenliste"

Apothekenhaus, Ort

Jetzt aber zum Apothekenhaus und zur Lage.

Das Gefühl, das „Getragen-Sein" beim Begehen des Platzes hat nicht getäuscht: *Unter* Ihnen „ist etwas".

Übrigens geht dieser Apothekenbau, der uns nun so sehr beschäftigen wird, auf den Kunstsinn des legendären Abtes Meinrad Moosmüller zurück.

Dessen Verständigkeit und Weitsicht verdankt das Kloster den Bau der Apotheke. Eine wirklich gute, aber knappe Darstellung der in Frage kommenden Zeitspanne, aber auch der gesamten Geschichte des Heiligen Berges und damit der Entstehung des Apothekenbaues gibt Winibald Matthäser in seiner „Andechser Chronik."[1]

So wird berichtet, die Apotheke würde ihr Entstehen – wie so vieles wohl – dem Andechser Klosterbier verdanken.

Denn ungefähr um das Jahr 1730 herum wurde vom Brauereihof her ein Bierkeller in den Berg getrieben, unter dem sogenannten Fronhof, auf dem wir dieses eigenartig „hebende" Gefühl haben, wenn wir darauf stehen!

Das Apothekengebäude befindet sich auf genau diesem Plateau, einem der Kirche vorgelagerten, mit sehr alten Bäumen be-

---

1 Willibald Matthäser: Andechser Chronik. Aus der Geschichte des Heiligen Berges. München 1979, S. 125 ff

wachsenen Platz, der Abends den Blick gen Westen zum rot leuchtenden Licht der untergehenden Sonne freigibt.

Anhand der Bezeichnung Fronhof wird bereits klar, dass hier die alte Burg gestanden haben muss. So ist es auch überliefert. Wir befinden uns also auf dem klassischen *„Kraftplatz".*
Burgen wurden fast ausschließlich auf derartigen Orten und Stätten errichtet – Burgen, die Bestand hatten und haben, allemal.
Nun gingen Jahrhunderte ins Land. Später, zur Zeit des Abtes Meinrad, wurde unter dem Plateau, um den besagten Bierkeller zu erhalten, einfach ein Schacht in den Berg getrieben. Das alles hätte wirklich den idealen Bierkeller ergeben, wenn nicht das Regenwasser ständig hereingetropft wäre.
Da sich über dieser „Tropfsteinhöhle" das Seminargebäude, wie es zunächst geplant war, als unzweckmäßig erwies, kam es zum Bau der neuen Apotheke.
Wie immer man sich mit dem Thema „Kraftort" befassen mag (der Bau der Andechser Klosterapotheke steht unabdingbar mitten auf einem solchen!) und von welcher Seite her man das Thema „magischer Platz" angeht – um den Begriff „Strahlung" kommt sicherlich keiner der Suchenden hinweg.
Ein „Kraftort" ist nun ein Platz, an dem starke, verändernde Energien wirken. Ob diese Energien mit dem jeweils zeitbedingten Stand der Forschung erklärbar sind oder nicht, braucht uns nicht zu interessieren.
Der Ort wirkt.

Zur „Klosterapotheke" nur soviel: Diese liegt direkt auf dem Schnittpunkt eines nicht nur Bayern-weiten, sondern weltweiten Rastersystems, das (zumindest in Bayern) die Grundform der Raute ergibt.

Fassade und Eingangsbereich

Nachdem wir, auf dem Plateau vor dem Eingang stehend, die „Schwingung" auf uns haben wirken lassen, betrachten wir nun die nach Westen, also zum Kiental hin gewandte Fassade des Apothekenbaues.

Der „Heilige Berg" Andechs

Eine harmonisch gegliederte, lang ausgerichtete „Hauptseite"
des Apothekenhauses zeigt oben im ersten Stock, über den Eingängen und unter dem Dach ,neun Fenster, darunter, zu ebener
Erde, drei (!) Türen, die ins Haus hinein führen (das mittlere dieser Portale geleitet uns direkt ins Innere der Apotheke).

Diese drei „Pforten" werden von weiteren sechs Arkadenfens-
tern gesäumt, sogenannte Blendarkaden, deren jeweils äußere,
also am Rand befindliche Rundbögen „Blendwerk" sind. Optisch erwähnenswert: Alle drei Pforten sind von Halbbögen über-

Fassade und Eingangsbereich

höht, zwei kirchturmähnliche Kamine oben auf dem Dach des Hauses passen auffallend gut zur Gesamtkomposition des Ensembles.

Hier lohnt es sich schon (wir wissen ja, es ist ein besonderes Gebäude mit heilender und mächtiger Funktion, so darf also angenommen werden, dass nichts „zufällig" ist), über *Zahlen* und *Symbole* nachzudenken!

Denn die „Dreiheit" oder die Variation der Dreiheit, das Dreimal-Drei, offenbart in der Neun, sie dominieren die Optik. Und ein *Symbol* ist dadurch definiert, dass es optisch, also „sichtbar", ins *Unterbewusste* dringt und dort seine, nur sehr wenigen Wissenden erklärbare, aber für jedermann unumstößliche *Wirkung* tut!

Betrachten wir das mittlere Portal genauer: Als zentrale Öffnung des Hauses, eben in der Mitte dreier Türen, steht dieser „Zugang" natürlich genau im architektonischen Mittelpunkt. Dieses Hauptportal weist, ebenso wie die anderen drei Eingangstüren, immer noch die alten Beschläge auf.

Die Türklinke ist ein Hund, der Handgriff ein Löwenkopf mit einer spiralförmig geringelten Schlange im Rachen.

Schlange! Wie weit reicht die Palette der Bedeutungen! Von Dämon, Teufel, Verführung, über „Erde" (Frau, Mutter) bis zum gewundenen „Lichtblitz" gnostischer Erkenntnis. Und natürlich das bekannte Symbol der Heilung, die gewundene Schlange um den Äskulapstab, den wir aber wiederum als altes hermetisches Symbol erkennen.

Dann, über dem Portal, kunstvoll gemeißelt in Marmor, die Wappen des Klosters Andechs und des Abtes Meinrad.

Dieses Wappen sollte noch unsere besondere Beachtung erfahren: Es zeigt ein vierspeichiges Rad mit acht Außenmarkie-

Das Wappen des Klosters und des Abtes Meinrad über der Eingangstüre der ehemaligen Klosterapotheke

rungen, darüber, den Wappenschild teilend, den rechteckigen Winkel!

Über den beiden Wappen folgende Inschrift: „ M. A. I. M. S. A." (Was bedeuten soll: „Mainradus Abbas in Monte Sancto Andecensi".)

Die dazugehörige Jahreszahl lautet: MDCCLXIII (1763).

Über der rechten und linken Eingangstür finden wir Brustbilder des Heiligen Benedikt und der Heiligen Scholastika.

Beenden wir unsere meditative Annäherung an den „Außenraum" mit einer tiefen Verneigung vor der Kraft von Symbolen und der niemals zufälligen Zufälligkeit, mit der sie uns begegnen.

Sie spiegeln eine höhere Ordnung wider, zähmen tiefe Kräfte, können somit ordnend wirken und damit heilen.

Es ist schon beeindruckend, dass sich in dem Werk „Räume der Kraft schaffen" gleich zu Beginn des Kapitels „Symbolik des Raumes" die Benediktiner-Regel und das Wort-Symbol des „ora et labora" findet: Nach dem Hinweis, dass dies Wort die Benediktiner „über ihren Eingängen in Stein meißelten" sagt der Autor: „Durch dies Wort wird eine ausrichtende Kraft und damit ein Ordnungsansatz in die Welt gesetzt."[1]

Doch nun wollen wir eintreten ins Innere der Apotheke.

---

1 Harald Jordan, a. a. O., S. 44

Der Innenraum der Apotheke

Nun wissen wir, welche Bedeutung der Kraft von Symbolen zuzuordnen ist. Das Äußere gibt stets einen Vorgeschmack auf das Innere. Ein Gebäude hat überraschend viel Ähnlichkeit mit dem Menschen und seiner Grund-Anlage: die Fenster sind Augen, die Türe der Mund. Es findet bei so einem Haus, noch dazu wenn es „öffentlich" ist, ein steter Austausch statt – Kommen und Gehen, Erhaltung und Verfall, Erneuerung und so weiter.

Vielleicht hat ein Haus gar eine „Seele". Natürlich nur im übertragenen Sinne: Es ist beseelt von denen, die hier wirken und gewirkt haben.

Heute gelangen wir durch die rechte Tür des Apothekengebäudes ins Innere. Eine freundliche Mitarbeiterin des dort untergebrachten Pfarramtes läßt uns ein.

Wer dann je in den lichtdurchfluteten Apothekenraum gelangt ist, der wird den ersten Eindruck nie vergessen. Heilende Kraft des Ortes!

Bitte genau in die Raum-Mitte stellen, unter das zentrale (rautenförmige!) Deckenbild, und jetzt die enorme „Kraft des Ortes" spüren!

Im Übrigen gibt es mehrere Räume hier im Inneren des Apothekenhauses. Damals bei der Aufhebung des Klosters wurden sogenannte Inventarisationsakten angefertigt, denen die genauere Bestimmung der Räume zu entnehmen ist. Damals konnte man das Gebäude durch die Mitteltür betreten, gelangte dann

Kunstvolle Tür im Apothekenraum

Innenraum der Klosterapotheke

in einen Vorraum, der mit „... einem Schreibkasten mit Pult von Fichtenholz vielfärbig gefasst, einem Wandschrank ebenso eingerichtet war."[1]

War man dann im Innersten der Apotheke, eben durch dies genannte Vor-Zimmerchen, dann erblickte man das faszinierende Bild der barockisierenden Apothekeneinrichtung, die bis vor kurzer Zeit noch im Deutschen Museum in der Abteilung „Wissenschaftliche Chemie" zu sehen war.

Wenn in den neu gestalteten Räumen des Museums die Abteilung „Pharmazie" eröffnet wird, kann man diese herrliche Apotheke, mit dem alles überblickenden Einhorn an der Mittelwand, wieder finden. Hoffentlich!

Warum ist die Einrichtung der Apotheke nicht in Andechs? Zu diesen Eigenartigkeiten später noch.

---

1 Zitiert nach: Rainer Schnabel, Die Klosterapotheke. In: Andechs, hrsg. v. Karl Bosl und Odilo Lechner, München 1993, S. 248

Die Ausstattung beherbergte „einen Receptierkasten gleich vorigen gefaßt mit Schubläden, welche alle mit Messingknöpfen, Engelköpfe vorstellend, versehen sind".

Der erste Stock (heute das schönst-gelegene Pfarramt Bayerns!) wurde als Kräuterboden benutzt: „16 Kraiterkisten mit eisernen Banden und 44 holzerne Kraitergitter." Außerdem sollen in diversen Nebenräumen noch „... 4 verschiedene kleine Tische sämtliche von Fichtenholz ..." gewesen sein.[2]

Links neben der Apotheke in Andechs diente ein kleinerer Raum als Materialkammer, er besaß ebenfalls „... 2 Receptiertafeln, mit Schubläden ..."

Ansonsten heißt es über das Mobiliar, es sei „... vielfärbig gefaßt" gewesen.

„Von der Einrichtung ist nichts und von der Ausstattung mit Gefäßen und Apothekengerätschaften fast nichts mehr erhalten", sagt Rainer Schnabel in seinem wissenschaftlich sehr korrekten Apothekenbericht, der in der großen Andechs-Festschrift enthalten ist.[3]

Hier allerdings wird die Sache für den Suchenden wahrhaft interessant!

Im November 1995 führte mich der damalige wissenschaftliche Direktor des Deutschen Museums, Professor Otto Krätz, in der Abteilung „Wissenschaftliche Chemie" zu der entsprechenden, vollständig erhaltenen und von ihm als „Andechser Apotheke" ausgewiesenen, in einem eigenen Raum befindlichen und durch ein Gitter abgeschirmten Apotheke. Professor Krätz

---

2   Ebenda, S. 248
3   Ebenda, S. 248

wies darauf hin, dass diese Apotheke zumeist den „Barmherzigen Brüdern" (ein hochangesehener Krankenpflege-Orden, der von „Johannes von Gott" gegründet wurde, mit dem bekannten Krankenhaus in München-Nymphenburg) zugeschrieben sei. Tatsächlich weist auch noch im Dezember 1999 die erklärende Tafel im Deutschen Museum (die Apotheke ist abgebaut, nur der leere Raum ist zu sehen) auf „St. Emmeram" in Regensburg bzw. die „Barmherzigen Brüder" hin.

Schnabel wiederum sagt in seinem hochwertigen Artikel dezidiert in einer Bildüberschrift, die den Rezeptiertisch der „Andechser Apotheke" kommentiert:

„Der Rokoko-Rezepturtisch, Receptierkasten mit Schubläden', der fälschlicherweise der Apotheke der Barmherzigen Brüder, München, zugeschrieben wird. Deutsches Museum, München."[4]

Das Bild unter diesem Text zeigt den Andechser Rezepturtisch, der auch im offiziellen Führer durch das Deutsche Museum abgebildet ist.

Mir fiel, als ich 1995 die Apotheke genau betrachten durfte und auch das Gitter aufgesperrt wurde, sofort das Einhorn auf, das die Apotheke an zentraler Stelle optisch dominiert hat. Kunstvoll nachgebildet, in der Art einer Wild-Trophäe, hing dieses Sagentier an der zentral gegenüberliegenden Wand.

Und am Original-Schauplatz, in Andechs, hier im Innenraum der Apotheke, findet sich dies Einhorn in einer Deckenmalerei wieder.

---

4 Schnabel, a. a. O., S. 250

Symbole! Nicht umsonst haben wir uns deren durchschlagen-
de Kraft vor dem Betreten des Raumes klargemacht. Und das
Einhorn ist eine uralte Mystifikation verborgener Urkraft, eines
verderblichen, aber auch heilenden Wissens, das in Märchen
und Sagen auftaucht und durchwegs als Symbol der Kraft und
Heilung einzustufen ist. Man denke nur an die reellere „Variation" des Einhorns, das Nashorn nämlich und die damit verbun-
dene und so gewissenlose Jagd auf pulverisierte Hornsubstanz,
weil man diesem Stoff die irrwitzigsten Kräfte zuschreibt.

Über die genaueren Umstände des Abtransportes der Apothekeneinrichtung nach München berichtet uns wiederum Schnabel. Er entnimmt der Andechser Chronik, dass die Apotheke im
Jahre 1811 auf 26 Wagen nach München „überführt" worden
ist, betont seinerseits, dass von den Einrichtungsgegenständen
„… fast nichts mehr erhalten" sei.[5]
Nochmals weist er auf das Deutsche Museum hin: „Der ehe-
mals bunt bemalte, jetzt mit einem grauen Anstrich versehene
Rokoko-Rezepturtisch sowie zwei prunkvolle Standmörser mit
dem Wappen des Klosters und des damals regierenden Abtes ge-
schmückt, befinden sich im Deutschen Museum München."[6]
Und dann ein ganz entscheidender Satz, der nur dick unter-
strichen werden kann:
*„Diese Gegenstände sollten wieder nach Andechs zurückge-
bracht werden."* [7]
Wie wahr!
Zur Symbolik der Malereien und Motive.

5 / 6 Ebenda, S. 257

7   Schnabel, a. a. O., S. 252

Besonders auffallend sind: Das Einhorn.

Es ist direkt über der Tür abgebildet, durch die man den Raum von Süden her betritt. In einer geschwungenen Raute, deren Inneres eine Landschaft zeigt mit Rotwild und anderen Wesen, ruht das Einhorn rechts unten.

Ich persönlich deute dies Einhorn als Mystifikation eines gewaltigen Wissens, eines Wissens über Heilung, Macht, Herrschaft, das den gesamten Komplex „Andechs" wie einen Schleier umgibt.

Vielleicht sollten wir hier die Sprache der Gesamt-Ornamentik „entschlüsseln", also die Form der Bilder-Rahmen und das sich daraus ergebende Gesamtbild.

Deckengemälde in der Klosterapotheke

„Christus heilt" etwa befindet sich an der zur Kirche gewandten Seite im Norden, der Quelltempel im Nordosten, der Magier wiederum im Südosten, das Tauf-Kreuz im Nordwesten und der Fisch-Teufel, der aus der Erde kriecht, im Nordwesten.

Erwähnenswert allemal die „zentrale Sonne" mit sehr verblichener Schrift:

„P. FeLIX PharMaCopaeVs AnDeCensIs"

Das daraus entstehende Chronogramm ergibt 1767.

Verallgemeinernd lässt sich sagen, diese Deckengemälde bringen ein faszinierendes Panoptikum pharmazeutischer Vergangenheit.

Nicht umsonst weist Schnabel darauf hin, dass die Gemälde eine besondere Bedeutung besitzen. Das Besondere an dieser Decke, die durch nach unten vorstehende Korbbögen in die skizzierten sieben Felder geteilt ist, dürfte jedem Betrachter, der einmal da war, als gefühlsmäßiges Staunen, was hier „verborgen und doch gezeigt" werden soll, in fester Erinnerung bleiben.

Deckengemälde in der Klosterapotheke

Auffallend an der Thematik ist das Thema „Heilen" (zumeist biblische Heilungsszenen). Neben dem Heilen aber, vielleicht auch etwas „im Verborgenen" in Dreiecksbildern dargestellt, Szenen mit okkulter, genauer: hermetischer oder alchemistischer Thematik.

Die Alchemie muss hier vor Ort eine große Rolle gespielt haben.

Oder noch spielen.

Denn Alchemie ist vor allem Transformation!

Einen Hinweis auf jene besondere Bedeutung von Alchemie und der daraus resultierenden Chemie bzw. pharmazeutischen Chemie gibt ein Vergleich mit der „Apothekenliste" und mit der „Andechser Apothekeninventur" von 1803.

Deckengemälde in der Klosterapotheke

Hier ist es uns möglich, in einmaliger Weise einen Vergleich anzustellen und dabei zu sehen, welche Veränderung die Heilkunde im Laufe der Zeit erfahren hat!

Und damit die Medizin und „Pharmazin", denen wir heute noch ausgesetzt sind!

Ganz eindeutig ist ein Ansteigen der Pharmachemika und der Chemopharmazeutika zu beobachten, wie ein Blick auf das Verhältnis „natürlich", „chemisch" zeigt:

Unter 750 einfachen Arzneistoffen (sogenannte simplicia), die neben 145 zusammengesetzten Arzneistoffen (sogenannte composita) genannt werden, nehmen bei der Inventurliste die pflanzlichen Drogen immer noch eine hervorgehobene Stellung ein, aber, so Schnabel, „... bilden die Cortices, Flores, Fructus, Gummi, Herbae, Ligna, Radices und Semina nur noch etwa die Hälfte der gebräuchlichen Arzneimittelrohstoffe."[8]

Daraus ist klar zu folgern, dass die Pharmachemika und Chemopharmazeutika in ungeahntem Maße angestiegen sind!

Es ist nachzulesen, dass diese chemischen Arzneistoffe vorwiegend anorganischer Herkunft waren, ferner, dass sie durch pharmazeutische Arbeitsmethoden wie

Zerreiben

Lösen

Filtrieren

Kristallisieren

in eine andere Form gebracht (Alchemie! Transformation!) und damit „verbessert" wurden!

---

8 Vgl. Schnabel, a. a. O., S. 247

Kräuterwissen

Hier, genau an dieser Stelle des Buches, zwischen der „Geschichte" des Klosters Andechs, die sich bei näherem Hinschauen als noch weitaus vielschichtiger herausstellen würde als sie sowieso schon ist und die noch dazu interessanteste Aufschlüsse über Herrschaftsverhältnisse in Bayern ergäbe!, zwischen der Geschichte also und der Entdeckung einer so wertvollen Apotheke, der Wieder-Entdeckung von Rezepturen und der Aufdeckung jener Fragen:

„Warum wurde eine derart wertvolle Apotheke geschlossen? Was wird hier seit guten zweihundert Jahren ,geheim' gehalten?"

Genau an dieser Stelle wollen wir einen Exkurs hin zum „Kräuterwissen" wagen.

Und es ist beileibe keine „Spinnerei", in genau diesem Zusammenhang Worte wie „Kräuterzauber", „verborgenes medizinisches Wissen", „Klosterwissen", bewusst auch „Hexe" zu gebrauchen.

Finden sich doch auffallend viele sachdienliche Informationen in Büchern und Nachschlagewerken, die mit dem Wissen der „Heilenden Frauen" früherer Zeiten zu tun haben!

Bei näherem Hinschauen wird es uns dann nicht wundern müssen, dass dies alte Wissen von einer (etwa seit der Aufklärung, also der Zeit der Apothekenschließung) aufkeimenden, unübersehbar männerdominierten „Schul"-Medizin bekämpft und niedergerungen wurde.

Kräuterkunde. Sie spielt für die heutige Medizin kaum mehr eine tragende Rolle, obwohl aber immer noch Pflanzen als Heilmittel benutzt werden. Für die Ärzte hat das bei der Indikation keine zu große Bedeutung, da es zumeist von wenig Belang ist, ob ein Mittel chemisch hergestellt wurde oder „natürlich". Zur Zeit (aber diese Zeit ändert sich rapide) steht bei vielen pharmazeutischen Produkten mehr die Verkaufsstrategie im Vordergrund.

Indes gelangt aber die Kräuterkunde zu neuen Ehren. Dies ist vor allem einer aufkeimenden neuen Volksmedizin und der Homöopathie zu verdanken.

Doch seien wir glücklich, in einer Zeit-Wende zu leben, die von sich sagen kann oder sagen muss:

Ohne das alte Wissen geht nichts mehr!

„Die überlieferte Kräuterkunde ist nicht mehr übersichtlich. Es mischen sich altes Wissen und Mythen, weil viele medizinische Wirkungen von Pflanzen heute tabuisiert sind", so gibt uns das grandios recherchierte Buch „Das geheime Wissen der Kräuterhexen" zu verstehen.[1] Darin wird auch über das „Abtun" des alten Heilungswissens als Aberglaube berichtet und über den Stellenwert von Pflanzenmythen zur Zeit der Hexenverfolgungen: „Andererseits gab es zur Zeit der Hexenprozesse so viele Pflanzenmythen, dass spätere Zeiten alles Wissen des 17. Jahrhunderts als Aberglauben abtaten"[2]

---

1 / 2 Dieter Beckmann / Barbara Beckmann: Das geheime Wissen der Kräuterhexen (Alltagswissen vergangener Zeiten). München 1997, S. 33

Die beiden Autoren weisen wohl zu Recht darauf hin, dass die hervorragende Rolle der Botanik im 16./17. Jahrhundert verstanden werden müsse; gab es doch Botaniker von einer „heute unglaublichen Bildung"![3]

Nun aber „zu den Wurzeln", und dies im wahrsten Sinne der Bedeutung (im Laufe unseres geistigen Weges hinein in die Gebiete Kräuterkunde, Andechs und Apothekenwissen werden wir uns an das verräterische und zugleich offenbarende Wort wortwörtlich genommen gewöhnen müssen: Magie pur, sonst nichts).

„Die alte Kräuterkunde war sehr wesentlich an den Wurzeln der Pflanzen interessiert, wodurch sich die Pflanzennamen oft auf Besonderheiten der unterirdischen Teile der Kräuter beziehen, oft mit magischen Anspielungen." So finden wir es in dem oben erwähnten Werk.[4]

3 / 4 Dieter Beckmann / Barbara Beckmann: Das geheime Wissen der Kräuterhexen (Alltagswissen vergangener Zeiten). München 1997, S. 33

Dem „Kenner" von Andechs, der zugleich Sagen und Legenden kennt und solche zudem als Offenbarung verborgener Wahrheiten zu erkennen bereit ist, fällt hier wohl gleich die „Andechser"-Sage vom „Weib aus Widdersberg" ein:

„Es erging einmal zur Nachtszeit die Mahnung an ein blindes Weib zu Widdersberg: Wenn du dein Gesicht (das ist das Augenlicht) wieder erlangen willst, so gehe auf den Berg Andechs!

Zur linken Seite des Altares der seligsten Jungfrau wirst du einen Wacholderstrauch finden! Ziehe denselben heraus, nimm die Erde an den Wurzeln des Strauches, berühre damit deine Augen, und du wirst das Gesicht wieder erlangen!"

Soweit diese Sage, die sich als Gemälde im Inneren der Andechser Klosterkirche unter den Wunderdarstellungen des Galerie-Umlaufes findet: Darunter steht:

„Von Widdersberg ein Weib stockblind
Das Augenlicht zu Andechs find't." [5]

Diese Wunder-Sage von einer Frau, die „sehend" wurde, also einsichtig (die Einheit in der Vielfalt erkennend), ist ein ganz entscheidender Hinweis auf „Andechs" überhaupt: Die entscheidenden Tatsachen sind den Blicken verborgen. Wer sehen will, muss „zu den Wurzeln" gehen. Letztlich ist es auch der Glaube, der sehend macht (wenn er auf den richtigen Tatsachen beruht).

Zur Heilung, zum Heilungswissen, das auch die „Apotheke" beherrscht: Ein körperliches oder körperlich-seelisches Problem von der Wurzel her angehen! Das heißt, in Bezug auf ein Leiden: Wo sind die Wurzeln, was kann ich besser machen? Das spätere Wissen von Psycho-Somatik und Tiefenpsychologie ist hier glatt vorweg genommen.

5 Vgl. auch: Fritz Fenzl: Wunder in Bayern (Orte der Kraft und Quellen der Heilung), München 1997, S. 35-36

Übrigens: Sieht man in Kräuterbüchern nach, dann steht Wacholder keineswegs für Augenleiden oder Sehkraft, sondern eher für Magen und Darmleiden, Blasenentzündung, Akne, Ödeme, Bronchitis, Frauenbeschwerden etc. Die Sage ist also tatsächlich „bildlich" zu „sehen". Die Frau soll ihr ureigenes Problem von der Wurzel her angehen!

Zur Wiederentdeckung des „alten Wissens" und der „alten" Heilkunst gehört auch die Doppelbedeutung von Heil, Heiligung, Ärzten und Priestern, wenn nicht gar auch noch die Dialektik von Gut und Böse, von heilig und verflucht. – Dazu eine provozierende, aber allzuwahre Feststellung von Beckmann/Beckmann:[6]

„In der griechisch-römischen Tradition ist das Heilige gleichzeitig das Teuflische. Das lateinische Wort ‚sacer' bedeutet heilig und verflucht zugleich."[7]

Und an anderer Stelle (es wird für uns wichtig sein) schreibt das Autorenehepaar: „Heiliges Wissen ist an Rollen gebunden. Früher war eine wichtige Rolle die der Priesterärzte."[8]

Dies bringt uns nun ein Stück weit hinein in das (tatsächliche) Geheimnis der Andechser Klosterapotheke:

1) Warum wurde diese Apotheke irgendwann geschlossen?

2) Was hat es mit der verborgenen „Apothekenliste" auf sich?

3) Warum steht die körperliche, die materielle Apotheke, die herrliche „Alchimistenküche" im Deutschen Museum (oft unter falschem Namen?)

4) Warum sind die wunderbar anzusehenden Räumlichkeiten der damaligen Apotheke in Andechs „Kraftort"-technisch

---

6 / 7 / 8   Beckmann/Beckmann, a. a. O., S. 35 ff

besser gelegen als das Kloster selbst und kaum einem Besucher bekannt?

„Verflucht wurden immer die mächtigen Priester der jeweils fremden Kulturen, da sie durch ihr Geheimwissen eine nicht berührbare Macht besaßen. Aus der Sicht der Hebräer waren dies die Priester des Baal."[9]

Warum wurde also irgendwann das „Kräuterwissen" teilweise verflucht und verfolgt, wenigstens aber (was den „sanften" und wahrscheinlich effektivsten Weg darstellte) der Vergessenheit anheimgegeben und übergangen?

Vielleicht kommen wir auf Laufe der Erschließung der Andechser (und ebenso anderer) Apotheken jener Zeit zu dem

---

9   Beckmann/Beckmann, a. a. O., S. 35 ff

Schluss, dass die „neue Religion" der aufkeimenden Schulmedizin ihre eigenen Wege gehen wollte, dass das ganz große Geschäft mit der Gesundheit alte Heil-Wesen vertilgt hat oder wenigstens unsichtbar hat werden lassen!

Unendlich viel gäbe es über Kräuter, Kräuterwissen und Kräuterkunde zu sagen. Und immer wieder stößt man in der Literatur, vor allem in alten Kräuterbüchern, auf den so besonderen Stellenwert von Frauen. Das mag daran liegen, dass der Frau daheim die Krankenpflege oblag, daran, dass Frauen in den Zyklus des Mondes (und damit der Wirkung von Pflanzen) wesentlich mehr eingebunden waren und sind als Männer. Oder einfach daran, dass Frauen immer schon mehr Gefühl für die Dinge der Schöpfung und alles, was mit deren Erhaltung zu tun hat, besaßen.

Dies soll, nur um an dieser Stelle ein besonders anschauliches Beispiel zu zeigen, uns zur Bedeutung der Raute bringen und deren hintersinnige Doppel-Symbolik aufzeigen.

Ist doch beim Themenkreis „Andechs" beides von größter Bedeutung: die Frau (erkenntlich an dem Marienheiligtum, übrigens zweimal übereinander im Zentrum aller Blicke der Gläubigen angeordnet, nämlich am Altar des dramatisch barockisierten Kirchenraumes) und dann die Raute.

Andechs liegt direkt im Hauptschnittpunkt jenes zumeist wirklich nur „Insidern" bekannten und doch so offensichtlichen Rautenmusters, das alle Kraftort-Zentren Bayerns verbindet.

Ein spezieller Aspekt des hiesigen Herrschaftswissens und der Kunde von Kraftlinien, dem Wissen über „Schnitt-Stellen".

Nochmals zur Raute: In der Antike hatte die Pflanze eine Doppelsymbolik, bedeutete Scham und Glied gleichzeitig. Worte sagen alles und verraten so viel: In dem deutschen Wort „Rute" schwingt die alte Bedeutung noch nach, zugleich auch der

Machtanspruch. Wir erinnern uns an den Nikolaus (in Andechs gibt es eine Nikolaus-Kapelle) mit der Rute!

Zum „Eigenleben" der Raute sei ein hoch interessantes Zitat von Beckmann/Beckmann eingeflochten:

„Interessant ist schon die Überlegung, ob irgendein Bayer weiß, was sein Wappen eigentlich verherrlicht. Es würde dann wohl auch ein Streit darüber entstehen können, ob mit der Patrona Bavaria nicht eigentlich die Patrones gemeint waren." [10]

Gibt es Zufälle! Hier wird, in unbeabsichtigter Weise, genau der Kern des Andechser „Heil-Wissens" angesprochen.

Die Rute, das Herrschaftssymbol (zugleich heilt die Raute Frauenleiden): Rutenbündel sind, wer weiß es nicht, in der Antike ein Symbol für Macht (männliche Macht natürlich).

Wer in der Schule aufgepasst hat: Rutenbündel: „fasces"!

Rute, Raute (als Heilpflanze, als geometrisches Macht-Symbol), fasces und der politische Begriff, der sich daraus ableitet.

10 a. a. O., S. 57

Heilen, Natur, Kräuter, Garten

„Das Tradieren chemisch-praktischer Techniken aus der Spätantike in das christliche Abendland bis hin zum Ende des Mittelalters verdanken wir in vielerlei Hinsicht dem Mönchtum. Der hl. Benedikt gründete um 529 auf dem Monte Cassino ein Kloster, das dank der glücklichen Regel des jungen Ordens beispielhafte Bedeutung erlangte."[1]

„Chemisch-praktische" Techniken!

Kein Geringerer als Professor Otto Krätz, langjähriger Leiter der Abteilung „Chemie" im Deutschen Museum München, weist auf diesen Zusammenhang hin und tut es unter der Überschrift „Chemie hinter Klostermauern", enthalten in dem Grundlagenwerk „Faszination Chemie". Der aufwendig gemachte Band zeigt und erläutert den mühsamen und abenteuerlichen Weg der Menschheit durch ein „Gestrüpp" lange unverständlicher Tatsachen und Fragen. Bemerkenswert, dass Professor Krätz den Bogen von Alchemie, Magie, Pharmazie und Chemie lückenlos und allesverbindend spannt ... sicher mit gutem Grund![2]

Nicht nur das. Der wissende Mann weist darauf hin, wie Klöster sich früh schon zur „technischen Autarkie" gezwungen sa-

---

1 / 2 Otto Krätz: Chemie hinter Klostermauern. In: Faszination Chemie. München 1999, S. 23. – Wer sich wirklich umfassend über Chemie, aber auch die vorangehende Alchemie informieren will, dem sei das Werk dringend ans Herz gelegt!

hen: Musste man sich doch, soweit dies möglich war, in allen Lebensbereichen selber versorgen.

Und selbstverständlich ist, neben Essen, Beten, Arbeiten, die Erhaltung, die Pflege oder Wiederherstellung der Gesundheit ein solcher „Lebensbereich"!

Uralt sind die Verbindungen zwischen Religion und Heilkunde. Ein genaueres Eingehen darauf würde den Rahmen der „Andechser Klosterapotheke" bei weitem sprengen. Verwiesen sei hier nur auf das Wissen der Medizinmänner in Naturreligionen, auf das offenbarende Wortspiel von „Heil" im religiösen und „Heil" im körperlichen Sinne. „Heil sein" ist immer „ganz sein", der Heiler stellt das, was vordem getrennt war (also „krank") wieder her.

Heile, heile Segen ..., der alte Kinderreim bringt noch die wohltuende Ganzheit von körperlichem und spirituellem Heil zum Ausdruck!

Heil – Heilen – Heiland: Schon wird klar, dass Jesus, der himmlische Heiler, der Größte und Bedeutendste unter den Heilbringern ist. Wenn wir die herrlichen Fresken an der Decke des Apothekenraumes betrachten, meditierend und sinnend (einen schöneren Raum in dem wunderbaren Gebäude direkt vor dem Hauptportal des Klosters, höher noch gelegen als dieses, einen schöneren, lieblicheren Raum, durchwoben von hellstem Licht, zum Osten und Westen hin der Sonne zugänglich, einen „angenehmeren" Raum kann man sich kaum vorstellen!), stellen wir fest, dass ein heilbringender Bogen von der Religion zur Heilkunde bewusst gespannt worden ist.

Doch darüber mehr in dem Kapitel über Gebäude, Räumlichkeiten und Ausschmückung der Apotheke selbst!

Rainer Schnabel sagt in einem wissenschaftlich präzisen Arti-

kel „Die Klosterapotheke"[3]: „In dem Maße, wie die Kirche die antike Philosophie und die Naturforschung subsumierte, setzten
sich auch die Erforschung der Heilkunde und die Anwendung
von Arzneimitteln in der Therapie von Krankheiten mehr und
mehr durch."

Heute, da wir in einer Zeit leben, die eine über tausend Jahre
alte Klostermedizin neu zu entdecken beginnt, ist es interessant,
zu beobachten, wie die „Wurzeln" davon zumindest teilweise
dem benediktinischen Denken zugeschrieben werden können.
Hat dieses doch zweifelsfrei Grundlagen für eine gesamteuro-
päische Bildungstradition geschaffen. Schnabel weist zurecht
darauf hin, benediktinisches Mönchtum habe „… das medizinische Wissen der Antike und Spätantike dem Untergang entris-
sen".

Das Nachdenken über aufkeimendes pharmazeutisches Wissen in Klöstern gibt übrigens einen hochinteressanten Auf-
schluss über „Wissenschaftstheorie" (oder wie immer man das
heute nennen mag!).

Denn die Mönche – wie hätte es vor Jahrhunderten anders
sein können – entwickelten ihr heilendes Können aus der Erfahrung und aus dem Glauben.

In welch unerwartet hohem Maße diese alte Tradition um-
sichtig heilender Klostermedizin (heute würden wir wohl in vielen Fällen von „ganzheitlicher Heilung" sprechen) unsere neues-
te Gegenwart beeinflusst, das beweist ein Artikel aus der
„Münchner Abendzeitung" vom 8. September 1999 mit der Überschrift *Hexenkraut statt Psycho-Pillen,* der hier des aufschluss-
reichen Inhalts wegen fast vollständig wiedergegeben sei.

---

3 Rainer Schnabel: Die Klosterapotheke. In: Andechs. Der Heilige Berg. Von der Frühzeit bis zur Gegenwart. München 1993, S. 246

Die Pharma-Industrie entdeckt die über tausend Jahre alte Klostermedizin neu.

„Für Jahrhunderte war die Klostermedizin der Mönche und Nonnen die einzige Heilkunde. Das hohe ärztliche Wissen der Antike, etwa auf dem Gebiet der Chirurgie, war mit dem Untergang des römischen Reiches fast gänzlich verloren gegangen. In den mittelalterlichen Klöstern konnte teilweise das antike Wissen über Arznei- und Heilpflanzen bewahrt werden. Die lese- und schreibkundigen Ordensleute fertigten Kopien von älteren Heilkundebüchern an. Seit einigen Jahren stehen diese Abschriften bei der Industrie hoch im Kurs.

Vor wenigen Wochen wurde zwischen der Universität Würzburg und der Pharmafirma Abtei eine bundesweit einzigartige ‚Forschergruppe Klostermedizin‘ gegründet.

‚Selbst als Forscher ist man immer wieder erstaunt, wie wenig von den alten Erkenntnissen bislang wissenschaftlich aufgearbeitet worden ist‘, sagt der Sprecher der Arbeitsgruppe, Johanes Meyer.“

Wie sehr das alte Wissen neu zu entdecken ist, zeigt in diesem Artikel der Abendzeitung die Passage über das klassische „Hexenkraut“, das Johanniskraut:

„Stolz sind die rund 20 Mitarbeiter (einer Forschungsgruppe) auch auf ihren Beitrag zur Neuentdeckung des Johanniskrauts als Heilmittel gegen Depressionen. Seit etwa zehn Jahren wird die Pflanze von der modernen Medizin als ‚natürlicher Gemütsaufheller‘ gefeiert. Zuvor hatte die Wissenschaft die früher ‚Hexenkraut‘ genannte Pflanze als unwirksam abgetan. Mayer ist sich sicher: ‚Es wird noch viele Überraschungen geben.‘“

Entschlüsseltes Heilungswissen:
Die „Apothekenliste"

Es liegt im Dunkeln der Geschichte, ob denn in Andechs bis zur Gründung des Apothekenhauses groß angelegte pharmazeutische Tätigkeiten möglich waren.

Auf jeden Fall führt uns die Beschäftigung mit der „Andechser Klosterapotheke" zu einem einmaligen pharmazeutischen Denkmal hin:

Die „Apothekenliste"!

Dabei handelt es sich um eine sogenannte Sammelhandschrift des (so Schnabel) „... ausgehenden Mittelalters", nach unseren eigenen Nachforschungen aber eher des späten Hochmittelalters.

Denn, wie die Schrift auf dem Rücken des Einbandes verrät, stammt die fein säuberlich gefertigte Handschrift von einem „Henricus de Hassia" (Heinrich von Hessen), der ab 1363 nachweisbar ist. Den Nachschlagewerken zufolge gehörte dieser Heinrich zu den bedeutendsten Gelehrten seiner Zeit. Vor allem naturwissenschaftliche, sozialpolitische und theologische Werke gehen auf sein Konto. Insbesonders aber war er ein Prediger!

Wir sprechen von der „Andechser Apothekenliste". Dabei sollten wir aber der Herkunft, die in eine nicht weniger kraftortverbundene Richtung weist, Rechnung tragend, von der „Tegernseer Apothekenliste" sprechen, da die ersten Mönche vom Mutterkloster „... die notwendigen Einrichtungsgegenstände erhalten haben".

Wie wichtig diese „Andechser Liste" war und ist, geht aus einem Artikel der Deutschen Apotheker-Zeitung[1] aus dem Jahre 1964 hervor:

„Diese ‚Andechser Liste' stellt eine neue wertvolle Bereicherung der Kenntnisse des Arzneischatzes einer mittelalterlichen Apotheke bzw. Klosterapotheke dar, die lange Zeit im wesentlichen auf der sogenannten ‚Frankfurter Liste' oder dem ‚Nördlinger Register' beruhten."

Hier, an dieser Stelle, erfolgt nun auch ein Überblick über die Zahl und Art der wichtigsten aufgenommenen Arzneimittel, die demnach zur Ausstattung einer mittelalterlichen Apotheke gehörten:

Semina
30 Fructus
171 Herbae, wobei einzelne Kräuter näher erläutert werden
bzw. deutsche Bezeichnungen beigegeben sind.
Cortices
Flores
Ligna
Radices
Succi, worunter auch ‚mel' und ‚zuccerum cande'
gezählt wird.
Aquae, natürlich fehlt auch ‚Aqua Vitae' nicht.
Olea
Auxungia
Gummata, auch Harze oder Pices werden hier genannt.
Ossia
Metalla

---

1   Zur Geschichte der Pharmazie (Geschichtsbeilage der Deutschen Apotheker-Zeitung), 16. Jg. 1964 Nr. 2: Hier: Günter Kallmich/Trainer Schnabel: Das Benediktinerkloster Andechs, ein bisher unbekannter Zeuge pharmazeutischer Vergangenheit, S. 9

22 Mineralia
Lapides
Salia
Carnes, wobei neben ‚caro' (Fleisch) auch Magen, Milz, Lab
und Leber Erwähnung finden.

Es dürfte auf den ersten Blick auffallen (bereits bei obiger Auflistung der in Anwendung gekommenen Heilmittel, erst recht
aber bei der eingehenden Betrachtung der vollständigen „Apothekenliste", die transkribiert und aus dem Mittel-Lateinischen
übersetzt in diesem Buch erstmalig veröffentlicht wird!), dass
all die einzusetzenden Heilmittel vorwiegend pflanzlicher Natur
sind!

Es ist in diesem Zusammenhang sehr interressant zu sehen,
dass unserer „Andechser Liste" auch ausführliche Anweisungen
zum richtigen Einsammeln der Heilmittel beigegeben ist.

Folgendes wird hierin, aus dem Lateinischen übertragen, aus-
geführt:

„Man muß wissen, wann die Wurzeln, wann die Blüten und
Samen einzusammeln sind. Das Einsammeln dieser Arzneien zu
einem unpassenden Zeitpunkt wird nämlich erst durch eine Än-
derung der erwarteten Wirkung sichtbar."

Der richtige Zeitpunkt!
Jenes Wissen um die absolute Notwendigkeit des genau passenden Zeitpunktes, zu dem eine Pflanze ihre besondere Kraft
entfaltet – im Guten wie im Schädigenden –, ist also sehr alt
und im Wissen der „Andechser Klosterapotheke" besonders her-
vorgehoben! Doch weiter:

„... So kann eine Arznei, zu einem bestimmten Zeitpunkt ge-
sammelt, stark abführend wirken, während sie, zu einer anderen Zeit beschafft, wirkungslos ist.

Ebenso haben verschiedene Pflanzen zu gewissen Sammelzeiten ihre volle Heilwirkung, während sie diese zu einer anderen Zeit gänzlich verlieren, wie jene, die vor der Zeit ihrer Reife eingesammelt werden. Deshalb sind die Pflanzen dann zu ernten, wenn sie voll ausgereift sind."

Der ausführliche Artikel in der Deutschen Apotheken Zeitung von 1964 weist außerdem darauf hin, dass beim Einsammeln der heilenden Pflanzen nicht nur der Zeitpunkt, sondern auch das Tierkreiszeichen beachtet werden solle:

„Es wird aber (in der „Andechser Liste") nicht nur der zu wählende Zeitpunkt für das Sammeln von Blüten, Blättern, Samen und Wurzeln erörtert, vielmehr werden auch die durch die Anführung des jeweiligen Tierkreiszeichens genau eingegrenzten Zeitabschnitte festgelegt, wann die Pflanzen am günstigsten zu ernten sind." Hier einige Beispiele aus der umfangreichen Andechser-Kräuterliste:

Im Hochsommer (Sternzeichen des Löwen):
>   Majoran
>   Thymian
>   Bohnenkraut
>   Skabiose
>   Spargel
>   Safranblüte
>   Wasserschierling
>   Minze
>   Dost
>   Echte Kamille
>   Myrte
>   Klee
>   Vogel-Knöterich
>   Ysop
>   Herbstzeitlose
>   Baldrian

Thymian

Kornblume
Möhre
Wurzel des Schellkrautes mit dem Aronstab-Kraut

Im Spätsommer (Sternzeichen der Jungfrau):
Akazie
Anissamen
Koriander
Saft des Eselkorianders
Endiviensamen
Samen des Lattich
Wegwarte
Portulak
Wurzel des weißen Attich
Samen der Rauke
Fenchelsamen
Samen der Bohne
Seidelbast
Lilie Lupine
Samen des Seidelbast
Samen des Vogelknöterich
Myrte mit Samen
Samen der Kresse
Wasserdost
Sand-Strohblume
Birne
Samen des Hirtentäschel
Andorn
Seidenpflanze mit Blüte

Dost

Am Herbstanfang (Sternzeichen der Waage):
Großer Pastinak
Kleiner Pastinak

Diptamwurzel
Fenchelsamen
Samen des römischen Schwarzkümmels
Samen der wilden Malve
Echte Pflaume
Samen der Gelben Wiesenraute
Berberitze
Kümmelsamen
Sandstroh-Blume
Spargelwurzel
Schlangenwurzel
Wurzel der Königskerze
Bärwurz

Hirtentäschel

In der Herbstmitte (Sternzeichen des Skorpions):
Samen der Spring-Wolfsmilch
Samen des Gartenkürbis
Hirse
Gallapfel
Samen der wilden Raute
Und die übrigen Pflanzensamen

Am Herbstende (Sternzeichen des Schützen):
Dann muss man die Wurzeln der Kräuter sammeln und findet deren Namen in Wurzelverzeichnissen unten der Reihe nach. Das sind die Dinge, die jeder Apotheker verwenden muss.

Namen der Samen:
Schwarzes Bilsenkraut
Samen des Kardomom
Samen der Steckrübe
Samen des Dill
Senfsamen

Anissamen
Möhrensamen
Kümmelsamen
Amomum
Samen der Petersilie
Samen der Raute
Samen des Eppich
Fenchelsamen
Samen der Gelben Wiesenrauke
Malvensamen
Samen der Kichererbse
Samen der wilden Malve
Samen des römischen Schwarzkümmels
Samen des Echten Haarstrang
Samen des Erdrauch
Samen des Flöhkrauts
Samen der Nessel
Samen des Melliotenklees
Samen der Melisse
Samen der Königskerze
Samen der Klette
Samen des Seidelbast
Samen der Rapunzel-Glockenblume
Samen der Eselsgurke
Samen der Lupine
Samen des Wegerichs
Samen der Hirse
Samen der Stechpalme
Samen des Basilikum
Flachssamen
Samen des Weißen und Schwarzen Attich
Kürbissamen
Samen der Wegwarte

Brunnenkresse

Lattichsamen
Samen des Weißen und Schwarzen Pfeffers
Samen des Scharfen Rittersporns
Samen des Echten Steinklees
Borretschsamen
Samen der Weißen und Schwarzen Kichererbse
Samen des Schierling
Roter Hartriegel
Hirtentäschel
Samen der Hundsrose
Samen der Melde
Samen des Ampfer
Samen des Koriander
Hanfsamen
Majoransamen

Aus allen diesen Kräutern, Samen, Pulvern und Blättern wurden 609 Rezepte hergestellt und aufgeschrieben, von denen wir einige, die einfach und in der Herstellung unkompliziert sind, hier nennen. Viele sind leicht zuzubereiten und anzuwenden, und die meisten der Zutaten sind auch noch heute in der Apotheke erhältlich. Und bevor man sich herkömmliche Arzneimittel aus den Apotheken besorgt, sollte man vielleicht einmal mit diesen pflanzlichen Mitteln versuchen, das Übel und die Schmerzen zu vertreiben.

Die Rezepturen

Minze

Bewährt gegen Sand (im Urin)
Man nehme:
    Ingwer
    Zitwer (indische Pflanze, dem Beinwell verwandt)
    Kalmus
    Wacholderbeeren
    Anis
    Eicheln
    Haselnussschale
    Krebsaugen (Vergißmeinnicht)
    Sonnenhirse
    Zucker
Pulverisiert und nimm einen halben Löffel mit gutem Wein oder mit Steinrosenwasser in einem Schluck abends oder morgens.

Verdauungsförderndes Mittel
Man nehme Rhabarber, den man in der Apotheke findet, in der Menge gleich einer Haselnuss, mit Zucker vermischt, zerreibe es und trinke es im Wein.

Für die Verdauungsförderung
Man nehme Cassienblüten, die man in Schildkröten (wurde früher in den Panzern aufbewahrt) oder in der Apotheke findet, mit Wein und trinke es morgens und schlafe danach nicht.

Gegen Wahnvorstellungen
Ebenso Borretschwasser und zwar getrunken hilft bestens gegen Wahnvorstellungen.

Die beste Medizin gegen Sand
    Haselnussschale
    Sonnenhirse
    Frucht der Eiche
    Zucker ½ Lot

Abführmittel des Herrn Heinrich
Herstellung aus drei Unzen Datteln, aber für meine Person sind zwei ausreichend.

Klistier
Nimm einen Apfel, nimm das Innere heraus und fülle ihn mit Zucker und brate ihn und iss ihn, wenn du schlafen gehen möchtest.

Tumenkern
(alte Bezeichnung für Vergissmeinnicht)
Man nehme:
    1 ½ Lot Aloe
    1 ½ Lot Polei
    1 ½ Lot Teromentille
    1 Lot Myrre
    1 Lot Safran
    ½ Lot Muskatblüte
    1 Quäntchen pulverisierte Rosenblüten gegen die Pest, und wenn die Zeit des Sterbens gekommen ist,
    1 Unze mit gutem Wein

Für einen guten Atem

Man nehme gleichviel Salbei, Polei und Ysop, zerreibe alles gut im Mörser und füge Weizenmehl hinzu und forme Pillen; nachher backe man sie an einem heißen Ort oder in heißer Erde und nehme morgens eine solche Pille.

Ein Gebräu zur Reinigung des Kopfes

Man nehme Bethonienkraut und koche es in Lauge, sooft du den Kopf wäschst mache dir auch ein Räucherwerk aus Salbei oder bloß aus Bethonie und nimm diesen Rauch jeden Tag auf gegen verstopfte Nasen und Augen.

Vom Herrn Heinrich für den Kopf

Man nehme Feld-Polei, koche ihn in Wein und wasche damit den Kopf.

Für die Milz

Man nehme destilliertes Wasser aus dem Kraut, das man Hirschzunge nennt und trinke es morgens; das hilft für die Milz.

Bei Herzproblemen

Man nehme destilliertes Wasser aus dem Kraut, das man Ochsenzunge nennt und trinke es morgens; das hilft dem Herzen sehr gut und auch gegen Schlaganfall.

Für den Erhalt der Augen und des Sehens

Man nehme Augentrost und lege ihn ein in Lauge und wasche damit die Augen aus.

Für den Kopf und gegen Schwindelgefühl

Man nehme ½ Lot Pfeffer, den man in Schildkröten findet, ½ Lot Muskatblüte und ½ Lot Polei als schönes Heilmittel und gebe es in den Wein und trinke davon.

Ebenso ist die Zubereitung aus italienischem Kümmel sehr gut für den Magen.

Das beste Heilmittel für den Kopf

Man nehme weißen Weihrauch, Koriander, Wacholderbeeren, Pfirsichkerne und zerreibe jedes davon einzeln, vermische sie nachher und gib sie in eine gläserne Schüssel; füge Wein hinzu und zwar soviel, bis der Wein drei Finger breit über dem Gemisch steht; koche es dann solange, bis nur noch ein Drittel üb-rig ist und gib es dann auf ein Leinentuch und mache eine Kompresse für den Kopf und befestige sie so, dass der Kopf nicht kalt wird und schlafe dann; das entzieht alle bösen Dämpfe.

Huflattich

Vom Magister Heinrich für den Kopf

Man nehme Feldthymian und koche ihn in Wein und wasche damit den Kopf.

Auch für den Kopf:

Man nehme Feld-Thymianwasser und wasche damit den Kopf.

Man nehme den Stiel der Ambrosia, mache eine Lauge und wasche damit den Kopf, das hilft dem Kopf sehr gut und besonders den Augen.

Anmerkungen des Apothekers: gute Medizin ohne Mühe.

Man nehme 2 Unzen morgens, mache fünf Stunden Pause; oder man nehme 1 Unze kurz vor dem Mittagessen, und du kannst das nach 14 Tagen oder einem Monat immer machen.

Man nehme zwei Unzen frischen Andorn, koche ihn in Wasser, seihe ihn ab, benetze ein Leinentuch und lege es mehrmals täglich auf die Ohren.

Man nehme Basilikum, koche ihn in Weißwein mit Honig, fülle ihn in Krüge ab und trinke mehrmals täglich davon, bis das Fieber geschwunden ist.

Bei Problemen mit den Beinen nehme man den Saft von Beifußblättern mit Honig und dem Weißen vom Ei gemischt und lege es auf die schmerzenden Stellen.

Bei Verdauungsstörungen und Völlegefühl mache man einen Tee aus Brennessel und trinke diesen mehrmals täglich.

Man nehme Dost bei allen Arten von Hauterkrankungen, bereite ein Bad, reibe die Haut mit Saft vom Dost ein oder bereite eine warme Packung.

Man nehme getrocknete Blätter der Königskerze, bereite einen Tee, mischen diesen mit Honig und Weißwein und trinke viel davon gegen Heiserkeit.

Ein Pulver aus zerriebenen Minzeblättern wirkt geschmackserfrischend in vielen Speisen und fördert dazu auch die Verdauung.

Kümmelsamen und Kümmelöl wirken besonders günstig bei Magen-, Darm- und Verdauungsstörungen.

Kümmelsamen können gekaut oder zerrieben in Speisen gemischt werden, so dass ein guter Geschmack entstehet.

Bei Gallenleiden, Husten und zur Reinigung des Körpers
Bei Gallenleiden trinke man den Saft der Rettichwurzel, bei Husten nehme man 4-5 Prisen von getrockneten zerstoßenen Rettichblättern, zum Reinigen des Körpers bereite man einen Salat mit ½ Lot Pfeffer.

Der Zimt, regelmäßig genossen, verbreitet ein gutes Gefühl im Körper, auf dass es einem wohl ergeht.

Strömt ein übler Geruch vom Magen aus und verursacht Blähungen und Schmerzen in den Gedärmen, so nehme man einen Teil Salbei, fünf Teile Zaunrübe und zehn Teil Weinraute, koche

die Kräuter, gieße den Sud ab und lege die warmen Kräuter auf die Stell, wo es weh tut.

Zur Reinigung des Blutes nehme man Bertram, sowohl in Speisen als auch die Blätter gekaut oder als Tee gebraut, außerdem bringt er einen klaren Verstand und stärkt von langer Krankheit befallene Menschen.

Gegen Melancholie

Man koche ein Hähnchen in viel Ysop und esse davon einige Male, dazu trinke man Wein, der mit frischen Ysop angereichert ist, und sodann wird sich das Gemüt wieder erhellen.

Ebenso wirkt 1-2 Lot Aronstab in einem Krug Wein gekocht und dann getrunken.

Bereite aus gleichen Teilen Muskatnuss, Zimt und Nelken ein Pulver, gib zerriebenes altes Brot dazu, mische das mit Wasser und drehe kleine Kügelchen, diese regelmäßig gekaut, vertreiben den üblen Sinn und machen das Herz frei und luftig.

Man nehme zu gleichen Teilen Weinraute und Wermut und mische diese mit Rosenöl, damit bestreiche die Nieren- und Lendengegend, damit werden die Schmerzen vertrieben, dasselbe tue bei Schmerzen in der Magengegend.

Zerreibe zwei Teile Ingwer, vier Teile Galgant und davon die Hälfte an Zwitter. Vermische dieses Pulver mit Wein und trinke es vor dem Schlaf. Das wird einen leidenden Magen wieder erstarken.

Wer trübe Augen hat, mische Rautensaft mit doppelter Menge Honig, rühre weißen Wein hinein und netze mit dieser Mischung weißes Brot, lege es über nacht auf die Augen und binde es mit einem weichen Tüchlein fest, wiederhole das oft, bis dass der Blick sich klaret.

Gegen cholerische Anfälle
Man nehme für die Reinigung am Abend oder auch zu einer anderen Zeit wenn es beliebt die Augensalbe des Abtes (Rosensalbe) ½ Blättchen und nimm daraufhin Borretschwasser, ein oder zwei Löffel voll, und das hilft gegen cholerische Anfälle und Wahnvorstellung.

Für die Verdauung
Rezeptur des Herzog Ludwig von Bayern an einigen Tagen und zwar zwei oder drei Tage vor dem Mittagessen in Brühe und pausiere dann 10 oder 14 Tage, und dann kannst du es wieder nehmen.

Zur Reinigung des Blutes

Man nehme seve pletter. Ingwer, Zimtrinde, Anis ½ Lot, Rhabarber ½ Quäntchen, Muskatblüte. Mache daraus einen Teig und iß vor dem Essen; es läßt nichts im Menschen wachsen und reinigt ohne jede Sorge.

vitebona conficias Heinrich

Man nehme ½ Lot Mastix (wohlriechendes Harz des Mastixbaumes) ca. 1 Quäntchen, 1 Lot Myrre, 1½ Lot Aloe unter Beisetzung von Agadii mit Endivien- oder Scolopendrienwasser.

Ebensogut stärken sie den Magen, und sie erlauben nicht, dass eine Krankheit entsteht.

Und nehme immer vor dem Mittagessen oder dem Abendessen 3 Stück und kannst es jederzeit nehmen.

Stärkung des Magens

Man nehme Galgantwurzel, pulverisiere sie und gieße Aquavit darüber und lass es eine Stunde lang stehen und gieße dann wiederum Salbeiwasser darüber und seihe es durch ein schönes Tuch und trinke es.

Zur Heilung des Kopfes und des Gehirns

Man nehme Fenchelsamen, Kümmel, Anis, Koriander, jeweils ½ Lot, Pfeffer 1½ Lot, Berg-Laserkraut, 1 Lot, pulverisiere alles gut und du kannst es nach Belieben süßen, wenn es nötig ist; und du kannst es in Wein oder in Brühe verwenden, wann immer du willst.

Herstellung für den Kopf und den Magen

Man nehme eine Mischung von je zwei Teilen von aromatischen Rosenzutaten und Kümmelgewürzen mit Zucker soviel nötig ist.

Gegen die Kolik von Heinrich
Man nehme Hirschhorn und zwar den Teil, der nah am Kopf ist, pulverisiere es und trinke es mit heißem Wein.

Derselbe
Man nehme 1½ Lot Korallen und pulverisiere sie und trinke sie in Regenwasser.

Sehr leichtes Klistier des Nikolaus aus Regensburg
Man nehme 1 Pfund von der Brühe einer fetten Henne und Cassienblüten, die darin aufgelöst werden und stelle es danach auf ein Feuer so lange, bis es gut erhitzt ist und wende es mehr als lauwarm an.

Italienischer Doktor
Man nehme 1 Drachme von allefanginarum-Pillen und 1 Drachme von Pillen aus Lapislazuli, sie werden vermischt und mit Borretschwasser neu geformt und mache 11 Pillen daraus.

Beachte, bevor du jene Pillen nimmst: vorher nimm die Pulver, wie oben beschrieben seve pletter, Ingwer, Zimtrinde etc. zwei oder drei Tage und nimm dann jene allefanginarum-Pillen während eines feuchten Sternzeichens und zwar im Sternzeichen Fisch, Krebs oder Jungfrau.

Domprobst Klistier
Nimm Pappelsamen, Leinsamen, Schrotkleiben und seihe es in kaltes Wasser ein, bis es halb eingeweicht ist und gib danach eine Hand voll Kamillen und eine Hand voll zerstoßenen Anis hinein und lass es gut aufkochen und seihe es dann durch ein Tuch und gib danach ein As Löffel voll Honig und genauso viel Baumöl hinein und nimm es ganz heiß ein.

Gegen dasselbe Übel (Blähungen)
Gekochtes Kamelöl (Kamillenblüten mit Öl versetzt), mit Wein und Raute versetzt, besänftigt alle Bauchschmerzen, die von Blähungen und dicker Galle herrühren.

Gegen Durchfall
Gegen cholerischem Fluß oder Durchfall wird Rhabarber mit gekochten Heidelbeeren oder Sumach (Rhus coriaria) oder Osterluzei (Aristolocchia clematitis), d.h. payssesper (Preiselbeeren) und 2 Spritzer Rosenwasser vermischt und mehrmals gegessen.

Ebenso heilt eingebranntes Hirschblut, das man nachher pulverisiert und mit Öl röstet und mit Regenwasser verdünnt, Eingeweidegeschwüre und alten Fluss.

Gegen dasselbe Übel
Man nehme Beifuß und gebratenes Fleisch von Rindern und harte Eier und bestreue es mit Samen des Tausendblattes und esse es morgens und abends drei Tage lang.

Man nehme Hafer, Mehl, Samen des Tausendblattes, vermische sie und mache daraus ein Brot und esse es solange es noch heiß ist.

Man nehme Kot von einem Schwein, das Gras frißt und presse den Saft und die Feuchtigkeit heraus und trinke es heiß; das heilt auf wunderliche Weise.

Gegen Verstopfung
Manchmal mögt ihr auch dyalacce (hier ist die Übersetzung unklar) nehmen im Maß einem Daumenknöchel gleich und bleibt nach dem Einnehmen vier Stunden lang nüchtern; das hilft gegen Verstopfungen.

Gegen Gelbsucht
Man nehme Kot von einer Gans, die Gras frißt und presse den Saft heraus und trinke es drei Tage lang.

Zubereitung aus Liegendem Fuchsschwanz (gemeint ist hier Samen Gänsefuß oder Runkelrübe) hilft sehr gut dem Bauch, der Leber, der Milz und dem Gehirn, und wenn das die Sinne schärft, dann gebraucht es auf geröstetem Brot bevor ihr schlafen geht.

Gegen Schwindel und Schlaganfall, Magister Johannes aus Linz
Man nehme einen Teil Senf und mische ihn mit Salbeiwasser und trinke es.
Gegen dasselbe Übel
Man nehme Salbei und mische ihn und binde ihn auf das Kissen vor dem Schlafengehen

Anmerkung für mich: Man nehme es morgens, mittags und mitten in der Nacht.

Trockener Husten entsteht meistens aus der schlechten Komplexion der Brust, wenn es heiß, kalt, feucht und trocken ist, und manchmal entsteht der Husten auch durch andere Glieder, die mit der Brust zusammenhängen wie der Magen, die Milz, der Kopf und die Leber etc.

Gegen trockenen Husten
Man nehme Flusskrebse und koche sie in Gerstenwasser und trinke es; das hilft sehr gegen trockenen Husten.

Das Inventarium der Andechser Klosterapotheke

Ich finde es interessant, genau an dieser Stelle, nach der genauen Auflistung der pflanzlichen Heilmittel, die „Materialwerte" – gemeint ist eine Liste der Gefäße und Gerätschaften der „Andechser Klosterapotheke" – anzuführen, wie sie sich aus der Inventarliste ergibt.

Mir erscheint jedenfalls die Korrespondenz der Heilpflanzen-Liste mit der Gerätschaften-Liste von größtem Interesse. Denn es lassen sich daraus für den, der „sehen" kann, mannigfaltige Zubereitungs-Interessen, auch ausgesprochen alchemistische Intentionen, ableiten!

In diesem Zusammenhang ist es interessant festzustellen, dass die Materialien nach Messing, Kupfer, Eisen, Zinn, Glas und schließlich Holz eingeteilt sind.

Aus dem Inventarium sind also folgende Geräte feststellbar:

Messing
1   großer Stoßmörser samt 2 Pistillen
2   kleinere, 8 Handmörser samt 8 Pistillen
5   Patentel
1   gegossene Pressschale samt Deckel und 2 Schüsseln, da solche an den Boden angeschraubt und mit vielen Eisen versehen ist
1   Gießbeckel
12 Pfandl

Aufbewahrungsgefäß für Extractum Cichoriae (Zichorienextrakt).

1 Kessel
14 Handwaagen
44 Stadtgewicht
2 Medizingewicht

Kupfer
5 Vessicae und dazu 5 Helme
1 Gefäß zum Wasserbaden
1 großer Wasserkessel
1 Wasserpitsche
1 Schwankessel
1 Perforat
5 Pfannen und 4 Kesseln
1 von Kupfer verzinnter Kessel
3 Patentel
2 Platten
1 kupferne Press
2 kleine kupferne Seigerl
2 Gatzen
1 kupfernes Pfandl
1 kleines Beckel
2 kupferne Platten

Eisen
1 Mörser aus gegossenem Eisen
3 Zangen
4 Pfannen
12 Schaum- und Schöpflöffel
26 Spachtl
3 Windofen
5 Öfen zu den Sandkapellen. (Diese wurden benötigt, um eine Destillation „per balneum", d. h. im Wasserbad, durchzuführen.)

2   Wiegemesser
2   Messer zum Schneiden
2   detto neue

Vermutlich handelt es sich bei diesem Gefäß um ein ursprünglich unbeschriftetes Reservebehältnis, auf das erst später die Signatur aufgetragen wurde.

Zinn

4   große Flaschen mit Deckel
2   Klystierspritzen
1   Lavoir
5   Mensuren
5   Becher
1   Lousanen Flasche
112 Büchsen mit Schiltel
125 detto kleinere
52   Porzellainartige Tiegeln
189 detto kleinere 38 gebrannte Tiegeln
20   große Häfen
16   Schmelztiegel
1   Präparierstein samt Becher
1   Mörser von Marmor samt hölzernem Pistill,
     serpentinen Mörser samt 8 Pistill

Glas

190 Wasser- und andere Gläser
64   verschiedene Gläser
14   Kolben
13   Helm
4   Retorten

Holz

1   Preß mit Schrauben
50   hölzerne Bichsen
162 Schubladen in der Apotheke
329 in der Materialkammer
281 detto in Herbario
     Feuerspritze

Elegantes Salbenstandgefäß für Unguentum Digitalis (Fingerhutsalbe).

Wenngleich der pharmazeutische Gebrauchs- und Verwendungszweck eindeutig ist und auch das Aufbereiten von heilenden Mitteln und Anwendungen aus dieser Inventurliste unzweifelhaft hervorgeht, so scheinen doch für den Interessierten die in der Alchemie so wichtigen Elemente *Feuer, Wasser, Luft, Erde* hindurch.

Wurden in der Apotheke auch ganz andere Dinge ausprobiert und Experimente vollzogen?

Mag dies ein Grund zu ihrer überraschenden Schließung gewesen sein?

Gänsefingerkraut

Deckelgefäß aus Beinglas, wurde benutzt zum Aufbewahren von Pulvis Colocinthidis (Koloquintenpulver)

Was sind Arzneimittel und Drogen?

Man versteht darunter
*„... Pflanzen, die zur Herstellung von Arzneistoffen (Drogen),
Arzneizubereitungen oder Arzneifertigwaren verwendet werden."*[1]

Daneben kennt der Sprachgebrauch auch die oft vorkommen-
den Bezeichnungen „Heilpflanzen", „Heilkräuter", neuerdings,
etwas modisch vielleicht, „Hexenkräuter".

Ihnen allen ist ein Satz voranstellbar:
„Medicus curat, natura sanat."

Heilpflanzen sind nicht nur zum Heilen da, sondern auch
zum Kochen, Würzen, Riechen und einfach zum Wohlfühlen!
Oftmals sind frische oder getrocknete Arzneipflanzen oder Teile von ihnen, wegen des Gehalts an aromatischen oder scharf
schmeckenden Bestandteilen bzw. wegen bestimmter Geruchs-
und Geschmacksstoffe, die sie enthalten, zugleich Gewürzpflan-
zen, Gewürze oder Duftpflanzen!
Beispiele unter vielen:
Melisse, Zitronenmelisse, Petersilie, Lavendel, Rosmarin,
Zimtrinde.[2]

---

1 Harry Diener: Fachlexikon abc Arzneipflanzen und Drogen. Frankfurt/Main 1987,
   S. 7
2 Ebenda.

Solche Pflanzen werden wegen des Gehalts an Riechstoffen (zumeist in Form ätherischer Öle) auch als kosmetische Grund- und Hilfsstoffe verwendet.

Wer hierüber mehr wissen will, den informieren umfangreiche Werke. Tieferes Wissen gibt nur die einschlägige medizinische Fachliteratur. Hier sei, als Grundlage obiger Erklärungen, der übersichtliche Band „Fachlexikon Arzneipflanzen und Drogen" empfohlen.[3]

Es ist gar nicht so leicht, die Begriffe, „Kräuter", „Heilkräuter" zu klären.

Bis heute haftet der Bezeichnung „Kräuter", noch mehr der magiesierenden Verkleinerung „Kräutlein" (dies zeigt schon das Hexisch-Verborgene!) etwas ganz Besonderes oder Geheimnisvolles an!

Denn der Gedanke an spezielle Wirkungen, die vielleicht völlig unvorhersehbar sind und nur einigen Eingeweihten „berechenbar", das macht die „Kräutlein" immer schon „wie magisch" anziehend!

Märchen und Sagen künden davon zur Genüge!

„Es war einmal ein Zauberer, der stand mitten in einer großen Menge Volks und verbrachte seine Wunderdinge (...) Nun war aber ein Mädchen, das hatte ein vierblättriges Kleeblatt gefunden und war dadurch klug geworden, so dass kein Blendwerk vor ihm bestehen konnte." [4]

Dieser kurze Auszug aus dem Grimm'schen Märchen „Der Hahnenbalken" möge als Beispiel dienen, wie stark die Bedeu-

---

3 Ebenda
4 In: Kinder- und Hausmärchen der Brüder Grimm. Hrsg. von Friedrich Panzer, Wiesbaden, o. J., S. 514

tung und Symbolik von harmlosem Grünzeug (Klee: Zeichen von Üppigkeit und Lebenskraft?) immer schon ist. In vielen Märchen spielt die Auffindung einer genau bestimmten Pflanze oder Blume die „Schlüssel"-Rolle.

Man denke nur an die unbestimmbare „Blaue Blume", die sich durch die gesamte deutsche Romantik zieht.

Solche Geschichten lohnen übrigens immer, ihnen „auf den Grund" zu gehen, denn sie sind voller verschlüsselter Aussagen und voll von verborgenem Wissen. Auffallend oft machen die Pflanzen „sehend", sowohl der eben angeführte Klee als auch die Wurzel des Wacholders der Andechs-Sage von Widdersberg!

Und die Redensart: „Gegen den ist kein Kraut gewachsen" ist sicherlich aussagekräftig genug, um den heiligen Respekt vor der Kraft von Kräutern auszudrücken.

Nun hat jedes Land seine spezielle Kultur im Umgang mit Kraut und Kräutern. Oft genug sind diese mit religiösen Vorstellungen verbunden. China etwa wendet seine traditionelle Heilkunde mit ausgesuchten Kräutern und der Akupunktur heute noch an, und dies fast unverändert. Und was waren oder sind die Medizinmänner Afrikas anderes als „Kundige" der richtigen Kräuter und des richtigen „Drumherum" (also der passenden magischen Einbettung).

Bei uns hat sich dies Wissen zumeist im Umkreis „weiser Frauen" und der Klostermedizin ausbreiten können.

Im weiteren Verlauf des Buches wird uns der Zusammenhang Heil – Heilen – Heiland bestimmt noch klarer werden: Denn der größte Heiler, der Himmlische Heiler, Gott selber, lässt auf Erden genau jene Kräuter wachsen, die seine himmlisch-kosmische

Ordnung reflektieren und den so unglaublich groß angelegten Heils-Gedanken erkennen lassen.

Kein Zweifel:
Der größte Heiler ist Gott.
Alles kommt von ihm. Wer sich, wie auch immer, mit alten Heils-Künsten beschäftigt, dem wird indes auffallen, ja auffallen müssen, dass die „Gegenseite" über überraschend präzise Heils-Geheimnisse verfügt und diese dienlich anwendet.

Nicht nur das: Im „schwarzen" Bereich wird liebevoll und wissend geheilt! Wo liegt die Erklärung?

Als Beispiel das Märchen vom „Herrn Gevatter": Dieser Gevatter (Pate) beherrscht die absolute Kunst des Heilens und schenkt sie seinem Anvertrauten. Was aber kommt bei näherem Hinschauen heraus? Das Patenkind begibt sich am Ende der Märchens in des „Gevatters" Haus:

„... und auf der fünften Stufe guckte ich durchs Schlüsselloch, da sah ich, dass ihr lange Hörner hattet." „Ei, das ist nicht wahr."[5]

Hier ist es der Gehörnte selbst, der gesund macht. Allerdings, für welchen Preis?

Daneben stößt jeder, der sich in „Kräuterkunde" und „Kunst alten Heilens" einliest oder einlebt, irgendwann auf Hexen. Dem Verfasser wurde gar von Hexen (es gibt sie, sie wohnen keineswegs im Wald, sondern bekleiden Spitzenpositionen!) bei der Arbeit an vorliegendem Manuskript geholfen.

„Zu allen Zeiten hat es Menschen gegeben, die die botanischen Geheimnisse der Natur zu entschlüsseln verstanden, die

---

5   Kinder- und Hausmärchen, a. a. O., S. 171

Diese Vierkantflasche mit Zinnschraubdeckelverschluss enthielt Tinctura Rhei Darelli (Darellische Rhabarbertinktur).

wussten, welche Pflanzen töten, heilen oder Sinnestäuschungen hervorrufen konnten, und sie wurden geehrt und gefürchtet zugleich. Zu denen, die die geheimen Kräfte von Beeren, Blüten, Blättern und Wurzeln kannten, gehörten Mönche und Ärzte. Nach weitverbreiteter Meinung waren jedoch Hexen in der Anwendung ihrer pflanzlicher Magie allen anderen überlegen."[6]

Guter Heinrich

---

6 Der Hexengarten. In: Hexen und Hexenwahn (Time-Life-Books 1990), dtsch. Köln 1990, S. 31

Beten – Heilen – Genießen

Gedanken zur Heilung und der Gastfreundschaft am Beispiel Andechs!

Wer das „Geheimnis des Ortes" erfasst hat und auch durchschaut, der wird, falls er das „vor Ort" Vorhandene geistig durchdringt, eine wichtige Beobachtung machen können: Diese Beobachtung gilt übrigens für alle „magischen Plätze", ebenso wie für sakrale Areale, die zumeist auf solchen Plätzen stehen.

Und für so einen ganz besonderen Platz wie das Plateau, auf dem das Apothekenhaus steht, gilt es besonders:

An einem heiligen Ort sind bereits *existierende Gedanken formen* vorhanden. Es gilt für den spirituell Geschulten oder den Heilung Suchenden, jene Gedankenformen (Aufladungen), die eben schon da sind, zu sehen, zu erkennen und sodann für sich oder andere zu nützen!

Die zu findenden und zu nutzenden Gedankenformen, die schon vorhandenen Denkmuster sind hier speziell für Andechs:

1) Die Gedankenform der Macht, das Wunderbare, das Einmalige des Ortes durch das Erhabene des Berges deutlich sichtbar.

2) Die Gedankenform der Gottes-Begegnung (an Kirche und Kloster sowie am Pilgerweg unschwer zu erkennen).

3) Die Gedankenform der Gastfreundschaft und die Gedankenform der Heilung!

Der dritte Punkt, Gedankenformen der Gastfreundschaft und Heilung, dürfte hoffentlich der für Andechs dominante sein. Dazu werfen wir am besten ein Blick in die Benediktiner-Regel:

Zur Gastfreundschaft:
Aus der Regel Nr. 53: Die Aufnahme der Gäste.

Alle Gäste, die zum Kloster kommen, sollen wie Christus aufgenommen werden. Denn er wird einmal sagen: Ich war Gast,
und ihr habt mich aufgenommen. Allen soll man die Ehre erwei-
sen, die ihnen zukommt.[1]

Die grundlegende und legendäre Gastfreundlichkeit der Benediktiner scheint ein ganz entscheidender Wegweiser zum „inneren" Verständnis der Apotheke, der Rezepturen und des eigenar-
tigen Zeichens am Ende der Handschrift. Gastfreundschaft als
wesentlicher Teil der Spiritualität!

Weiter heißt es:

„Sobald ein Gast gemeldet ist, sollen ihm der Obere und die
Brüder in aller dienstbereiten Liebe entgegengehen. Zuerst sollen sie gemeinsam beten, dann sich den Friedenskuss geben. Diesen Friedenskuss gibt man erst, wenn man vorher gebetet hat,
um den Täuschungen des Teufels zu entgehen."[2]

Noch einmal: Jeder spirituell Gebildete, jeder Priester, Seher
und Heiler ist sich bewusst, dass an bestimmten Orten, dass zu
bestimmten Zeiten, wie den Feiertagen im Jahreskreis, Denkfor-
men da sind, die nur noch „angezapft" werden müssen.

Im Falle der Andechser Klosterapotheke ist es die Denk-
Energie „Heilen"!

Deshalb wachsen (oder wuchsen) hier vor Ort auch genau die
richtigen Pflanzen und Kräuter.

Paracelsus von Hohenheim, angeblich der erste Arzt, der in
deutscher Sprache schrieb und lehrte, soll einmal den Aus-
spruch getan haben:

---

1 / 2 Zit. nach: Die Regel des heiligen Benedikt. Eingel. u. übers. v. P. Basilius Steidle
      OSB. Beuron 1980, S. 91 f

„Wo die Krankheit wächst, da wächst auch die Heilung!" Dies soll bedeuten: Ein Land oder eine Gegend, die eine bestimmte Krankheit kreiert, bringt auch die genau passenden Heilpflanzen hervor.

Alles ist eben schon „gedacht" und wartet nur auf den Abruf. Wer Augen hat zu sehen, der sehe!

Heilung und Verderbnis! Jeder Kräuterkundige weiß, dass Pflanzen und Wirkstoffe sowohl Gift als auch Segen zugleich sein können. Auf die Dosierung kommt es an. Und die Heilung findet da statt, wo die Krankheit entstand. Das Land, das eine Krankheit hervorruft, bringt auch die Heilpflanzen hervor.

Diese Erkenntnis stammt allerdings aus einer gesünderen Zeit, da der Mensch blieb und wirkte, wohin er von Gott gesetzt war. Richtig: Wo der Mensch lebte, wirkte und litt, da wuchsen, gleichsam „zu seinen Füßen", an Wegen und Stegen, auf Feldern und Wiesen nicht nur jene Pflanzen, die er zum Leben benötigte, sondern eben auch die Heilpflanzen gegen seine Krankheiten.

Das hat sich schwer geändert: Wir leben in einer eher „gottlosen" Zeit, da Menschen innerhalb Deutschlands an unerforschlichen und unerklärlichen exotischen, mit dem Flugzeug importierten Infekten sterben. Wir sind von einer Seuche bedroht, die in hemmungsloser Wut des Sich-Auslebens rund um den Erdball wütet. Tatsächlich, hiergegen wächst kein Kraut mehr „vor der Haustür".

Auch eine Andechser Klosterapotheke wäre da machtlos, wenn nicht das Zeichen wäre, die immer wiederkehrende Botschaft, dass zur Heilung auch das heile Denken gehört, die richtige Lebensform, das Wissen um die Polarität aller Dinge.

Einfacher:

Wir können und dürfen nicht just so leben, wie es uns gerade einfällt, wir müssen die Richtlinien der Schöpfung beachten.

Und eine so durchdachte Apotheke wie die von Andechs ist nichts anderes als der feine Widerhall des herrlichen Schöpfungs- und Heilsdenken Gottes!

Machen wir uns klar, dass ein Geheimnis der Heilung immer auch das Geheimnis einer Tradition sein wird und muss. Heilungswissen, ebenso wie Wissen um gesunde Lebensformen, wird weitergegeben.

Die einmalige „Andechser Klosterliste" ist die Weitergabe uralten Einweihungs- und Heilungswissens. Sie sollte uns tatsächlich auch gemahnen, über unsere ureigensten Lebensformen und -Rituale, ja sogar über unsere Gedanken nachzudenken!

Vergleichen wir doch „Tradition" mit einem Lichtstrahl, der Anfang und Ende verbindet. Frédéric Lionel sagt in einem Werk „Verborgenes Wissen":

„Sie (die Tradition) ist kein System, sie ist kein Dogma. Sie übermittelt eine wesentliche Weisheit, welche die Quintessenz, also das Subtilste menschlicher Erfahrung von Abertausenden Jahren widerspiegelt. Es handelt sich somit darum, zu verbinden, was getrennt erscheint, um dadurch zu verstehen, dass sich die Lebensdynamik auf verbindende Energien der Natur stützt, um zu wirken."[3]

Heilen als ein wesentliches Stück von Tradition, Tradition als „gesundes Denken".

Abschließend aus der „Regel" das Kapitel 36 über die kranken „Brüder":

---

3 Frédéric Lionel: Verborgenes Wissen. Ergründung unerwarteter Zusammenhänge. München 1998, S. 68

„Die Sorge für die Kranken steht vor und über allen anderen Pflichten. Man soll ihnen wirklich wie Christus dienen. Er hat ja gesagt: Ich war krank, und ihr habt mich besucht.

Was ihr für einen meiner geringsten Brüder getan habt, das habt ihr für mich getan.

Es soll also die oberste Sorge des Abtes sein, dass sie nicht vernachlässigt werden."[4]

Sicher darf davon ausgegangen werden, dass in jener Zeit eine so bedeutende Apotheke nicht „zufällig" entstand und erblühte.

Sie ist eine Antwort auf das Heilsdenken *ihrer* Zeit, eine Antwort auf die Bedürfnisse des Menschen – damals. Heute aber erwachen genau *diese* Bedürfnisse neu.

Wir haben eine Schulmedizin mit spektakulären Ergebnissen. Wir haben eine Pharma-Industrie, die im Wirtschaftsleben eine Schlüsselposition innehat.

Wir haben nationale und internationale Gesundheitsorganisationen.

Die gedruckten „Ratgeber" lassen Bücherregale sich biegen.

Wir haben alles.

Und sind so krank wie nie. Vor allem aber an der Seele.

Pater Frumentius von St. Ottilien sagt: „Zu wenig wird beachtet, dass viele Krankheiten doppelgesichtig sind. Das ist dann der Fall, wenn außer einer natürlichen Krankheitsform zusätzlich eine Bedrängnis der bösen Macht mitspielt."[5]

Wieder sei hier auf „das Zeichen" mit der deutlichen Anspielung auf „Doppelgesichtigkeit" hingewiesen. Fest steht: Die Apo-

---

4 Die Regel ... a. a. O., S. 72

5 P. Frumentius Renner OSB: Im Kampf gegen Magie und Dämonie. Sinzing 1997, S. 155

theke sei neu zu finden. Nicht nur materiell oder als wiederentdeckte Lese-Liste:

Sie möge mit dem Herzen erschlossen werden.

Hier möge nun die Andechs-Betrachtung schließen. Denn, inmitten einer sogenannten „Service-Wüste" Deutschland bedeutet der Komplex „Andechs" samt seiner Gastfreundschaft immer schon „Service" total. Der Leser möge hier die bewusst modernistische Ausdrucksweise verzeihen.

Mit „Service" ist gemeint: Dienen am Menschen, Dienen für Gott.

Was Andechs, die Apotheke, das Heilen und die Gastlichkeit betrifft:

Einfach hingehen!

„Puzzle", dieses angelsächsische Wort, bedeutet oder bezeichnet ein Spiel, bei welchem die richtigen Teile an der richtigen Stelle ein Ganzes ergeben.

Andechs ist ein Puzzle. Zusammenfügen lohnt sich.

Nochmals: Einfach hingehen und wirken lassen, im Sinne von „Wirkung zulassen".

BETEN – HEILEN – GENIESSEN

Deckengemälde in der Klosterapotheke

Fritz Fenzl

Pfarrergeschichten

Dieses Buch enthält eine Sammlung von (vorwiegend) aktuellen
Geschichten über Pfarrer, Ordensleute, sowie Nieder- und
Oberbayerische Diener vor dem Herrn. Es erzählt in verschmitzt-
humorvollem, teilweise ein wenig hinterfozigem Ton Historisches,
Volkstümliches, manchmal (Ver)Wunderliches ebenso wie Kurioses,
aber stets den Lieben Gott anerkennend. Es ist ein nettes Büchlein zum
stückweise Lesen, zum Weitererzählen und Verschenken.

120 Seiten, Hardcover mit SU, Format 13 x 19,8 cm,
DM 19,90/sFr 19,-/öS 145,-
ISBN 3-89682-028-1